U0304943

STUDY ON GERMPLASM RESOURCES OF CARYA CATHAYENSIS IN CHINA

中国薄壳山核桃种质资源研究

主　　编　张计育　张　凡

副 主 编　李永荣　王　刚　陈智坤

编写人员

张计育（江苏省中国科学院植物研究所）

张　凡（江苏省中国科学院植物研究所）

李永荣（南京绿宙薄壳山核桃科技有限公司）

王　刚（江苏省中国科学院植物研究所）

陈智坤（陕西省西安植物园）

王飞兵（淮阴工学院）

张　瑞（浙江农林大学）

熊素兰（江苏省生产力促进中心）

王　涛（江苏省中国科学院植物研究所）

翟　敏（江苏省中国科学院植物研究所）

刘永芝（江苏省中国科学院植物研究所）

赵　宁（陕西省西安植物园）

江苏凤凰科学技术出版社 · 南京

图书在版编目（CIP）数据

中国薄壳山核桃种质资源研究 / 张计育等主编. —
南京：江苏凤凰科学技术出版社，2022.3
ISBN 978-7-5713-2543-5

Ⅰ. ①中… Ⅱ. ①张… Ⅲ. ①山核桃 - 种质资源 - 研究 - 中国 Ⅳ. ①S664.124

中国版本图书馆CIP数据核字（2021）第235793号

中国薄壳山核桃种质资源研究

主　　编　张计育　张　凡
责任编辑　沈燕燕　王　艳　蔡晨露
责任校对　仲　敏
责任监制　刘文洋

出版发行　江苏凤凰科学技术出版社
出版社地址　南京市湖南路1号A楼，邮编：210009
出版社网址　http://www.pspress.cn
照　　排　南京紫藤制版印务中心
印　　刷　南京新世纪联盟印务有限公司

开　　本　889 mm × 1 194 mm　1/16
印　　张　18.25
插　　页　4
字　　数　280 000
版　　次　2022年3月第1版
印　　次　2022年3月第1次印刷

标准书号　ISBN 978 - 7 - 5713 - 2543 - 5
定　　价　368.00元（精）

序

薄壳山核桃原产于北美洲，是集果用、油用、材用和庭园绿化于一身的优良经济树种，社会、经济和生态效益极其显著；其坚果优质，富含不饱和脂肪酸；其木材珍贵，是胡桃木的主要来源。该树种引入中国已经有 120 余年的历史，但至今没有自己知识产权的品种，这已成为制约我国薄壳山核桃产业发展的瓶颈。

李永荣老先生退休后一直致力于薄壳山核桃产业的发展，是我敬重的老师。先生全范围收集薄壳山核桃种质资源，自建种质资源圃，20 多年都耕耘在良种选育与种苗繁育上。《中国薄壳山核桃种质资源研究》一书就是在李永荣老先生的带领下，张计育博士和张凡博士等同志依托于江苏省薄壳山核桃重点林木良种基地，对基地现收集和保存的薄壳山核桃种质资源生物学特性、果实重要性状指标、抗性等进行长期观测的基础上整理而成的。该书详细描述和总结了薄壳山核桃花期特性、坚果特征及对病虫害的抗性情况，并对现有的国内外优良品种逐一进行详细描述。

该书图文并茂，阐述通俗易懂，特别是形状各异的坚果，优美的种仁，令人赏心悦目，是一部集学术性、科普性和实用性于一体的专著。

该书丰富的种质资源为杂交育种、分子标记辅助选择提供了坚实的种质基础，也为从事薄壳山核桃种质资源管理、研究和利用的工作者提供有益的参考。

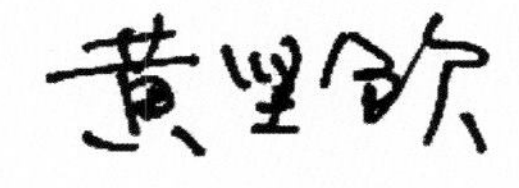

2022 年 1 月

前　言

薄壳山核桃 [*Carya illinoinensis* (Wangech.) K. Koch]，又名长山核桃、美国山核桃，为胡桃科（Julandaceae）山核桃属（*Carya* Nutt.）植物。坚果壳薄，取仁容易，含仁率高，种仁色美味香，营养价值高，是世界上十大坚果之一。种仁含油率 60% 以上，不饱和脂肪酸含量占比 90% 以上，尤其是单不饱和脂肪酸含量占比高达 60% 以上，是名副其实的高档健康食用油。该树种树体高大，生长迅速，枝繁叶茂，是优秀的绿化树种。树干通直，成材率高，木材坚固强韧，纹理致密，是制作钢琴、枪托等的高档木材。该树种是集优质坚果、木本油料、园林绿化、珍贵木材于一体的生态经济型树种，其经济、社会和生态效益不仅受到全球多个国家的肯定，而且近年来，在全球范围内得到快速的发展。

我国薄壳山核桃的引种工作可以追溯到 1900 年，当时美国传教士邵女士从美国带来薄壳山核桃种子在江苏江阴地区培育，开始了薄壳山核桃的引种工作。随后，浙江林学院、江苏省中国科学院植物研究所等科研单位以及叶培忠先生和傅焕光先生等老一辈科技工作者先后多次从美国引进薄壳山核桃种子和优良品种，为我国薄壳山核桃产业的发展奠定了种质基础，并从中筛选和培育了适合我国区域种植的优良品种，推动了薄壳山核桃产业化发展。

本书以江苏省薄壳山核桃林木良种基地（南京市六合区雄州街道山北村）为依托，对 37 个引进的美国优良品种、4 个自主选育品种以及 8 个实生优良单株进行调查，囊括了薄壳山核桃树木生活习性 [萌芽，开花习性（雌雄异熟特性），结果习性，叶片大小、复叶和小叶朝向、叶片颜色、叶片保留性，树木结构、大小以及树形，大小年现象，早实丰产性，果穗大小，结果枝长度及密度，幼果脱落，一年生枝条皮孔数量等]、果实和坚果性状 [果实特性包括果实成熟期，青皮张开特性，青皮厚度，坚果壳斑纹，坚果大小，坚果形状，种仁颜色、沟槽、饱满度，含仁率以及含油率，坚果壳厚度，脂肪酸组分（不饱和脂肪酸含量，单不饱和脂肪酸含量占比），种仁体积占坚果壳内体积的比例，适合机械采收的程度，机械去壳难易程度以及耐贮性]、病虫害（常见的病虫害及不同品种的抗性分析）等关键农艺性状的分析、总结，为薄壳山核桃种质鉴定及育种工作者开展新优品种选育提供参考。

本书的完成要特别感谢江苏省薄壳山核桃林木良种基地的大力支持，也要感谢江苏省农业科技自主创新项目 [CX（2021）3046]、南京市科技计划项目（20201103）和南京市六合区科技计划项目（LHZC2021NO1）的支持。由于种种局限，书中缺点和错误在所难免，欢迎广大读者批评指正。

编　者

2021 年 9 月

目 录

第一章 树木特性 /001

一、萌芽时间 / 002

二、结果习性 / 008

三、花芽分化 / 009

四、雌雄异熟性 / 011

五、树叶大小、朝向及颜色 / 015

六、树冠、树体大小及树形 / 016

七、大小年现象 / 018

八、早实性和丰产性 / 018

九、果穗大小 / 018

十、结果枝的长度与密度 / 019

十一、幼果脱落 / 020

十二、一年生枝条皮孔数量 / 020

第二章 果实和坚果特征 /021

一、坚果成熟期 / 022

二、果实青皮特征 / 022

三、坚果壳斑纹 / 025

四、坚果大小 / 026

五、坚果外形 / 027

六、种皮颜色与基本外观 / 029

七、种仁沟槽 / 030

八、种仁饱满度 / 030

九、含仁率 / 031

十、果壳厚度 / 031

十一、果壳内腔和种仁填充率 / 032

十二、机械采收的适合度 / 032

十三、机械去壳和手剥去壳的容易度 / 032

十四、种仁含油率 / 032

十五、脂肪酸组分 / 033

十六、耐贮性 / 033

第三章 对病虫害的抗性 /034

病害 / 035

一、疮痂病 / 035

二、褐斑病 / 035

三、煤污病 / 036

虫害 / 037

一、天牛 / 037

二、金龟子 / 039

三、桃蛀螟 / 040

四、警根瘤蚜 / 041

五、叶蜂 / 042

六、刺蛾 / 042

七、椿象和缘蝽 / 043

八、蚜虫 / 043

第四章　国外引进的优良品种 / 044

一、波尼（Pawnee）　/　045
二、马罕（Mahan）　/　050
三、威奇塔（Wichita）　/　055
四、肖尼（Shawnee）　/　060
五、莫汉克（Mohawk）　/　065
六、卡多（Caddo）　/　070
七、斯图尔特（Stuart）　/　075
八、艾略特（Elliott）　/　079
九、巴顿（Barton）　/　084
十、科尔比（Colby）　/　089
十一、肖肖尼（Shoshoni）　/　094
十二、德西拉布（Disirable）　/　097
十三、斯莱（Schley）　/　100
十四、维斯顿斯莱（Western Scheley）　/　105
十五、艾尔玛特（El　Mart）　/　111
十六、梅尔罗斯（Melrose）　/　115
十七、成功（Success）　/　119
十八、奥克尼（Oconee）　/　124
十九、财神（Moneymaker）　/　129
二十、拿卡诺（Nacono）　/　132
二十一、德沃尔（Devore）　/　135
二十二、萨婆（Sauber）　/　141
二十三、杰克逊（Jackson）　/　146
二十四、奥多姆（Odom）　/　151
二十五、絮可特（Choctaw）　/　156
二十六、福克特（Forkert）　/　160
二十七、韦科（Waco）　/　166
二十八、克里克（Creek）　/　170
二十九、开普费尔（Cape　Fear）　/　174
三十、堪萨（Kanza）　/　177
三十一、格拉克罗斯（GraCross）　/　178
三十二、西奥克斯（Sioux）　/　184
三十三、红星勇巨（Starking　Hardy　Giant）　/　188
三十四、默尔兰（Moreland）　/　189
三十五、赛温（Seven）　/　193
三十六、切尼（Cheyenne）　/　198
三十七、凯厄瓦（Kiowa）　/　202

第五章　国内自主选育的优良品种 /208

一、金华（Jinhua）　/　209
二、绍兴（Shaoxing）　/　215
三、绿宙 1 号　/　220
四、钟山 25　/　225

第六章　国内自主选育的优良单株 /226

一、瑶沟 1 号　/　227
二、瑶沟 3 号　/　228
三、绿宙 2 号　/　229
四、绿宙 3 号　/　234
五、杂交 11 号　/　238
六、杂交 13 号　/　239
七、杂交 15 号　/　240
八、杂交 16 号　/　241

附录一　各地现存的薄壳山核桃大树 /242
附录二　薄壳山核桃部分品种幼果状 /253
附录三　薄壳山核桃部分品种坐果状 /270

第一章
树木特性

1

一、萌芽时间

薄壳山核桃果园建立时，要根据当地的气候特点，选择合适的栽培品种。首先要考虑萌芽时间，萌芽早的品种易遭受晚春霜害和冻害。通常情况下，萌芽时间越晚的品种，其适应的地理分布范围越广。以江苏南京地区为例，薄壳山核桃萌芽时间集中在3月下旬至4月初，不同品种萌芽时间存在差异（图1–1，表1–1），其中萌芽早的品种有‘马罕’‘维斯顿’‘肖尼’等，萌芽晚的品种有‘巴顿’‘契可特’等。坚果成熟期与萌芽时间没有相关性，萌芽早的栽培品种的成熟期不一定先于萌芽晚的栽培品种。如品种‘巴顿’，在南京地区萌芽时间为4月初，晚于其他品种，而坚果成熟期则在9月中下旬，早于其他品种。造成萌芽时间差异的主要因素是低温需冷量（低温累积量）。不同品种对低温需冷量存在差异，暖冬区域栽培品种的萌芽时间差异度大于冷冬区域的差异度。低积温越多，不同品种间的萌芽时间差异越小。影响萌芽时间的另一个因素是春季得到的热量。在冬季，如果得到的低温累积量大，那么萌芽对春季热量的需求量相对小；若冬季低温累积量小，则萌芽对春季热量的需求量相对较大。

梅尔罗斯

绍兴

开普费尔

莫汉克

维斯顿斯莱

德西拉布

艾略特

巴顿

财神

杰克逊　科尔比　格拉克罗斯

斯图尔特　萨婆

韦科　德沃尔

金华

成功

绿宙 1 号

马罕

拿卡诺

波尼

凯厄瓦

斯莱

肖尼

艾尔玛特

切尼

肖肖尼

图 1-1　薄壳山核桃不同品种萌芽

表 1-1　薄壳山核桃不同品种萌芽、展叶物候期分析

品种	萌芽时间	展叶时间	品种	萌芽时间	展叶时间
波尼	3 月 21 日	4 月 8 日	马罕	3 月 23 日	4 月 3 日
梅尔罗斯	3 月 27 日	4 月 22 日	艾尔玛特	3 月 25 日	4 月 17 日
绍兴	3 月 28 日	4 月 14 日	巴顿	4 月 3 日	4 月 14 日
开普费尔	3 月 27 日	4 月 14 日	财神	3 月 27 日	4 月 17 日
艾略特	3 月 29 日	4 月 20 日	成功	3 月 27 日	4 月 20 日
莫汉克	3 月 27 日	4 月 20 日	科尔比	3 月 29 日	4 月 17 日
维斯顿斯莱	3 月 23 日	4 月 18 日	格拉克罗斯	3 月 23 日	4 月 17 日
德西拉布	3 月 25 日	4 月 14 日	杰克逊	3 月 25 日	4 月 17 日
肖尼	3 月 21 日	4 月 14 日	绿宙 1 号	3 月 27 日	4 月 14 日
斯莱	3 月 27 日	4 月 14 日	韦科	3 月 28 日	4 月 18 日
帮可特	3 月 30 日	4 月 20 日	德沃尔	4 月 1 日	4 月 20 日
赛温	3 月 27 日	4 月 20 日	金华	3 月 27 日	4 月 17 日
斯图尔特	3 月 30 日	4 月 20 日	萨婆	3 月 30 日	4 月 18 日
凯厄瓦	3 月 27 日	4 月 20 日	肖肖尼	3 月 23 日	4 月 14 日
拿卡诺	3 月 23 日	4 月 14 日	切尼	3 月 27 日	4 月 14 日
威奇塔	3 月 23 日	4 月 3 日	卡多	3 月 27 日	4 月 17 日

二、结果习性

薄壳山核桃雌雄同株异花，雄花（柔荑花序）与雌花着生于同一棵树的不同位置。雌花着生于当年生茎的顶端（图 1–2），而雄花从茎的基部开始，沿着茎基部着生在一年生枝条上（图 1–3）。薄壳山核桃花为风媒花，可生产出大量花粉。

图 1–2 雌花

图 1-3　雄花

三、花芽分化

目前，关于薄壳山核桃花芽分化机理尚不明确，但薄壳山核桃花芽分化始于上一年，并且当年结果量大（大年）时，会影响花芽分化的形成，进而影响次年的结果量，形成小年。该现象以品种‘马罕’尤为明显，大年后的小年，可能会出现无雌花甚至无雄花的现象。

薄壳山核桃雌花发育主要位于短枝或弱枝上。研究发现，一年生枝条的中部芽可以进行花芽分化，但是由于中部芽在次年不能萌芽成枝，进而不能完成开花过程。通过冬季短接的修剪方法（图1–4），打破激素和营养平衡，促使一年生枝条中部芽萌芽，形成枝条，并且开花结果（图1–5）。

图 1-4　短接修剪（波尼）

图 1-5　修剪后的开花情况

四、雌雄异熟性

多数情况下，薄壳山核桃花粉散粉期与雌花可授期不相遇，即雄花与雌花成熟期不同，称为雌雄异熟。不同品种雌雄花成熟的先后顺序不同。当花粉散粉期早于雌花可授期时，称为雄先型；当雌花可授期早于花粉散粉期时，称为雌先型。雄先型栽培品种一般归于Ⅰ型，雌先型的归为Ⅱ型。相比较而言，雄先型（Ⅰ型）的柔荑花序短而粗，雌先型（Ⅱ型）的柔荑花序长而细。‘马罕’‘绍兴’‘威奇塔’为雌先型品种，‘波尼’‘奥克尼’‘格拉克罗斯’为雄先型品种（图1-6）。在这两种类型的柔荑花序中，都是边上的两条花序较中间花序短。

不同栽培品种雌花的柱头有其特征性颜色，如绿色或红色（图1-7）。此外，不同栽培品种雌花柱头形状也不尽相同，因此这些性状可以作为区分不同品种的特性之一。

一些品种花粉散粉期和雌花可授期有部分重叠，这一现象被称为不完全雌雄异熟性。花粉散粉期与雌花可授期无重叠的被称为完全雌雄异熟性。当开花习性为完全雌雄异熟时，需要搭配授粉品种，即提供花粉的栽培品种需与该栽培品种的花期相遇。当栽培品种的雌花可授期与雄花散粉期有重叠（不完全雌雄异熟）时，可发生自交授粉结实，但仍需配置授粉品种，以确保坐果率，降低落果率。因此，选择合适的栽培品种组合是保证果园成功的关键因素之一。

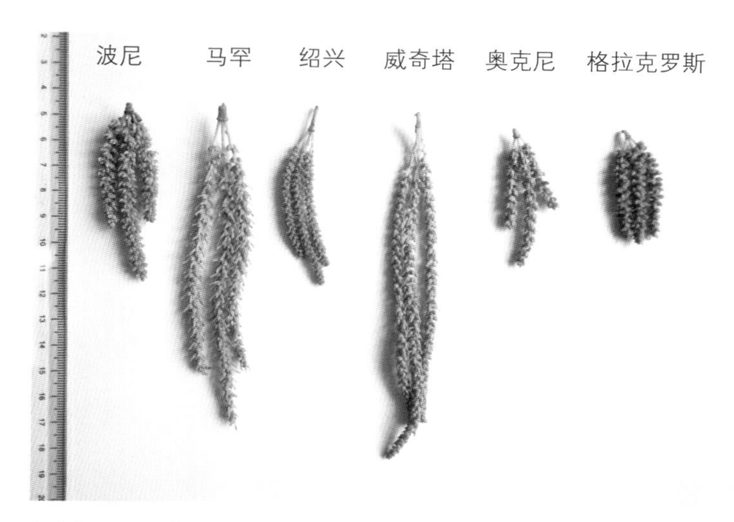

A. 摄于 2021 年 4 月 26 日

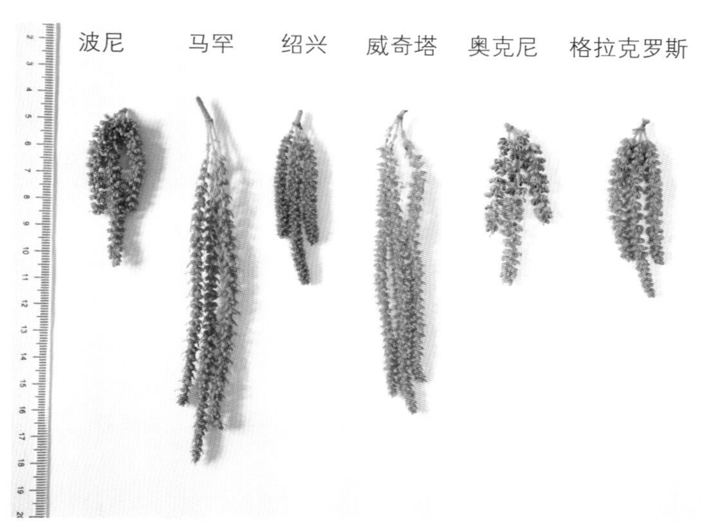

B. 摄于 2021 年 5 月 2 日

C. 摄于 2021 年 5 月 6 日

图 1-6　薄壳山核桃不同品种不同时间点雄花开花状态

图 1-7　薄壳山核桃不同品种雌花

薄壳山核桃雄花单花开放过程分为 5 个时期（图 1–8），分别为花被裂开期、雄花变黄期、花药散粉期、花药变黑期、小花随花序脱落期。薄壳山核桃不同品种雄花开放过程存在差异，各品种（系）从花被裂开期到雄花变黄期需 4~10 天，雄花变黄后各品种（系）均在 1~5 天内进入花药散粉期，花药散粉期与花药变黑期间隔时间较短，相差 0~4 天，不同品种（系）雄花单花开放过程持续天数不同，在 13~22 天。

图 1–8 薄壳山核桃雄花单花开放过程

薄壳山核桃雌花开放过程分为5个时期，即子房显露期、柱头裂开期、柱头倒“八”字形期、柱头枯萎期、子房膨大期。薄壳山核桃雌花单花的开放过程见图1–9。雌花的子房显露期在4月底到5月初，最早出现子房的是‘马罕’。经过2~8天后进入柱头裂开期。进入柱头裂开期后的2~7天进入柱头倒“八”字形期。进入柱头倒“八”字形期后2~9天出现柱头枯萎。进入柱头枯萎期后的2~7天子房开始膨大，但多集中在柱头枯萎后的第6天。雌花单花开放过程持续14~22天。

子房显露期

柱头倒“八”字形期

柱头裂开期

柱头枯萎期

子房膨大期

图1–9　薄壳山核桃雌花单花开放过程

五、树叶大小、朝向及颜色

薄壳山核桃树叶为奇数羽状复叶（图 1–10）。不同品种间树叶大小差异显著。对于某一个品种而言，树叶面积越大，树体生长越健康。不同的栽培品种，树叶面积越小越利于树体生长发育，小面积树叶栽培品种，其树叶造成的荫蔽程度比大面积树叶低，可以更有效地利用阳光，促进树体生长。

大多数栽培品种的树叶朝向是相似的，从复叶与树枝连接之处到复叶的最后一个小叶的基部，整个复叶的朝向是弯拱形的（图 1–11）。同样，每片小叶从与复叶轴的连接之处开始向下弯成拱形或杯状形（图 1–12）。然而，少数栽培品种其复叶及小叶的朝向近乎成一条直线，如‘波尼’（图 1–13）。薄壳山核桃树叶朝向可以用作鉴定栽培品种的典型特征。

图 1–10　薄壳山核桃羽状复叶

图 1–11　薄壳山核桃弯状复叶

图 1–12　薄壳山核桃拱形小叶

图 1–13　薄壳山核桃品种‘波尼’复叶

薄壳山核桃叶片颜色从黄绿色（如‘德西拉布’）到深绿色（如‘肖肖尼’）（图 1–14）。针对某一个品种，叶片颜色的深浅可以作为树木生长状况的指示器。叶子绿色的深度是栽培品种的一个特征，可以用来鉴别不同的栽培品种。

图 1–14 薄壳山核桃叶片颜色

六、树冠、树体大小及树形

树冠可以分为开张型（图 1–15）和闭合型（又称稠密型，图 1–16）。树冠为开张型的栽培品种生产性能优于闭合型的栽培品种。开张型树冠栽培品种的结果枝遍布整个树体，而闭合型树冠栽培品种的结果枝主要局限分布在树冠的外面。因此，开张型树冠的结果量比闭合型树冠高。此外，当树体间距狭窄时，树冠开张的栽培品种不容易造成密闭。

树体大小受基因控制，因此不同栽培品种的树体大小不一。树体越大产量越高。树形可以用树体高度与宽度之比来描述。树体结构、大小、树形影响着树体抵御大风破坏的强度。在同一个果园中，树体小、树形矮宽的栽培品种遭遇较少的风袭破坏。

图 1–15 树冠开张型品种‘马罕’

图 1-16　树冠闭合型品种‘巴顿’

七、大小年现象

大小年现象是薄壳山核桃生产中最重要的问题之一。所有薄壳山核桃栽培品种都存在大小年现象。高产的年份被称为“大年”，低产或无产量的年份则被称为“小年”。当“大年”产量过大时，种仁的品质变差。大多数栽培品种在幼龄时大小年现象不明显，随着树龄的增长，大小年现象便逐渐显现出来。但有一些结果早、结果量大且坚果个大的品种（如‘马罕’）在幼龄期也存在明显的大小年现象，严重时小年出现雌花不发育甚至无雄花的现象。

大小年现象与生长季后期根部贮存的碳水化合物水平有关。在“大年”的后期，根部的碳水化合物贮存量低于“小年”的后期。贮存的碳水化合物用于次年春季茎枝的生长并最终用于雌花的形成。如果茎枝生长势不强（由于贮存的碳水化合物不足），雌花的形成和果实的孕育便会受到抑制，则造成“小年”。如果所贮存的碳水化合物含量高，茎枝的生长势强，雌花花序生长旺，则形成“大年”。

平均每个坚果可利用叶面积，秋季树叶保留时间长短，以及叶子的生物效能共同决定着碳水化合物的贮存量，也即决定着树木产量是“大年”还是“小年”。如果树叶与果实的比例过低，“大年”（当年）的坚果品质则会受到影响，“小年”（次年）的雌花产量、挂果以及茎枝的生长都将受到抑制。当坚果成熟时，可进行光合作用的叶子保留期对来年是否能获得高产很重要，因为此时碳水化合物还继续在贮存组织中积累。这种在生长后期保留叶子不脱落的能力将有利于碳水化合物的积累。幼龄树发生大小年结果现象的可能性小，因为幼龄树的叶子与果实的比例高。但一些幼龄时结果量就比较大的品种（如‘马罕’），也因叶子和果实比例低，同样会形成大小年现象。

八、早实性和丰产性

早实性是指栽培品种首次结出果实的时间。首次结实早的栽培品种称为早实，如‘波尼’‘巴顿’‘梅尔罗斯’等品种，嫁接后 3 年即可挂果。丰产性指成年薄壳山核桃坚果产量的多少。早实的栽培品种在果树成年时一般都丰产。早实的栽培品种开始大量结果时，通常条件下坚果品质较差（种仁发育不良）。种仁品质因丰产而降低，因为没有足够的树叶总面积来供给种仁正常发育所需的营养。对于早实的栽培品种，需要监测土壤营养供给状况。氮素可促进坐果，提高树木生产力。过度坐果和果实发育会耗尽果树的氮、磷、钾等主要元素的贮备，导致果树处于营养缺乏的水平，严重时可能导致枯梢病甚至引起果树死亡。

九、果穗大小

果穗大小是产量的一个基本因素，果穗越大（每个果穗含 4 颗及以上坚果），产量越高。在果穗及坚果体积都大的情况下，获得高品质的坚果是极其困难的，原因是叶子与果实的比例过低，不足以让种仁充分发育。理想的栽培品种是：坚果个大，而果穗相对较小，如‘斯图尔特’，每个果穗有 2~4 个坚果。如果栽培品种的果穗大而坚果个小，则比较容易获得优质坚果。同一品种果穗大小不同，‘波尼’每个果穗上有 2~9 个坚果，其中以 3~6 个居多（图 1–17）。

图 1-17　薄壳山核桃优良品种‘波尼’果穗

十、结果枝的长度与密度

结果枝的长度与密度是选育栽培品种的重要农艺性状。在坚果与果穗体积较大的前提下，结果枝短的栽培品种难以获得高品质的坚果，且来年开花量减少，最具代表性的栽培品种为‘马罕’。通常情况下，短枝结实的栽培品种都具有高密度的结果枝。一方面，如果栽培品种的果穗大，高密度的结果枝将导致种仁劣质并影响花芽分化，进而严重减少来年花量。另一方面，在同一果穗体积下，相对于结果枝短的栽培品种，结果枝长的栽培品种更少出现大小年结果现象。长枝较短枝有更大的叶面积，在相同的果穗大小下，前者较后者有更多的叶面积合成营养供给果实。此外，长结果枝的栽培品种其结果枝密度一般都小，因此，可以使结实对营养需要的压力最小化。‘斯图尔特’是一个成功的栽培品种，它主要在长结果枝上结实，并且果穗大小中等。

十一、幼果脱落

幼果脱落是影响坚果品质形成的一个关键因素，因为在结果“大年”时，大多数栽培品种的雌花过多，没有足够的叶面积供给所有雌花孕育成优质坚果所需的营养。在薄壳山核桃果实生长周期中，幼果脱落分为 4 个时期。第一次落果在盛花期后，主要包括长势弱、发育不全的雌花的掉落，这次落花与茎枝的生长势负相关，或者与树木在前一生长季节中遭受的生长压力（坚果负载量，过早落叶等）密切相关。第二次落果始于果实开始伸长时（约授粉后 14 天），持续至授粉后 40~45 天，这次落花落果包括已授粉和未授粉的花果疏落，导致这次疏落的原因是卵细胞与精细胞受精不育或没有成功受精。第三次落果开始于果实快速膨大期前（约授粉后 55 天），由胚乳败育导致。自交授粉和严重干旱会加剧这次落果。第四次落果发生在种皮扩展和种仁发育的早期，这次落果是由于胚胎发育异常导致的。

十二、一年生枝条皮孔数量

薄壳山核桃不同品种一年生枝条的皮孔数量存在显著差异（图 1–18），皮孔数量少的品种有‘艾略特’‘萨婆’‘绿宙 1 号’等，皮孔数量适中的品种有‘梅尔罗斯’‘波尼’‘巴顿’等，皮孔数量较多的品种有‘卡多’‘莫汉克’‘威奇塔’等。一年生枝条的皮孔数量可以作为品种鉴别的指标之一。

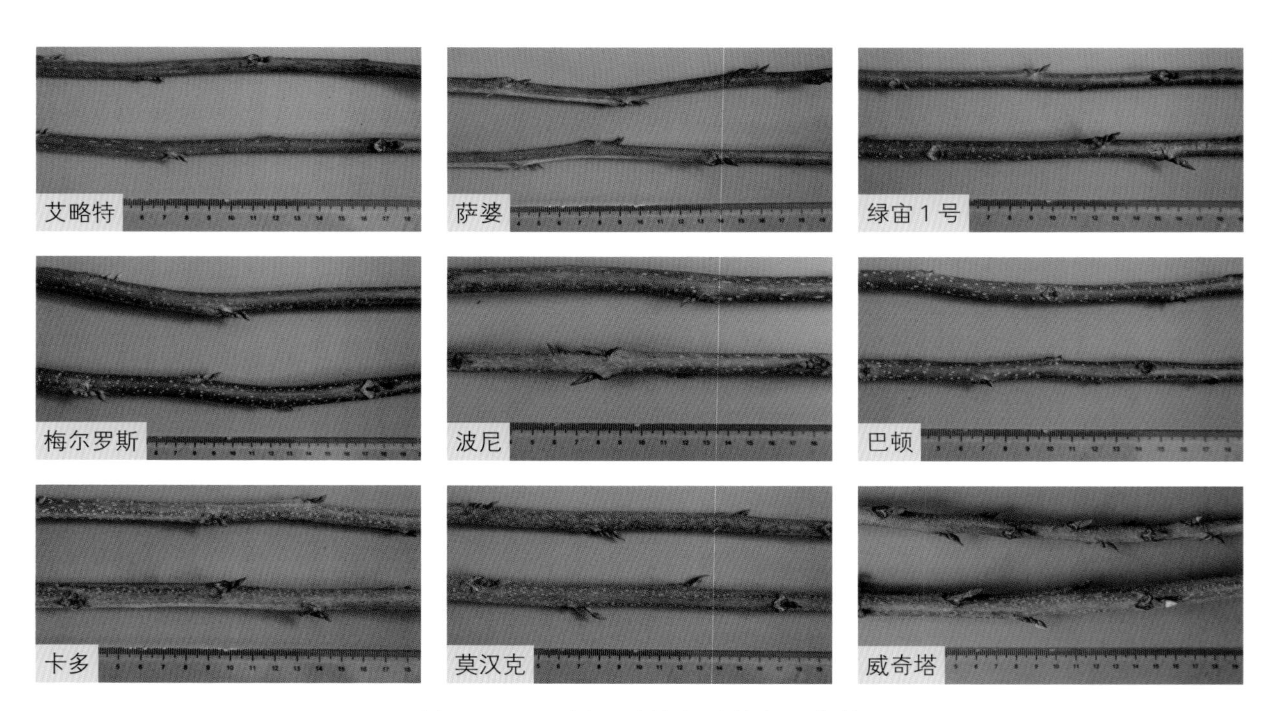

图 1–18　不同品种枝条及其皮孔数量

第二章
果实和坚果特征

2

薄壳山核桃果实由青皮、坚果外壳（木质化内果皮）和种仁组成。种仁外面是果壳，而果壳外面裹着青皮。种仁由两片子叶组成，中间有隔墙，称为分心木（图 2-1）。青皮有时也称作果荚，由四小面或四小瓣组成。

图 2-1　薄壳山核桃果实与坚果结构

一、坚果成熟期

坚果成熟期是指果实发育所需要的时间，一般指从芽萌裂到坚果成熟所需要的天数。果实发育所需时间与栽培品种生源地的地理区域有直接的关系，从不同区域选育的栽培品种，其果实发育所需时间不同。对于来自同一个地理区域不同品种的薄壳山核桃树，其果实发育所需时间也存在差异。通常情况下，薄壳山核桃果实成熟需要 160~210 天。果实早熟是品种选育的一个重要性状。大多数果实早熟的薄壳山核桃栽培品种或实生树，其坚果较小。例如，北方栽培品种由于生长季短，果实早熟，坚果都较小。

二、果实青皮特征

栽培品种间的青皮区别性特征有青皮形状、大小、表面颜色、表面沟壑、厚度、缝合线突起等。青皮的形状与坚果的形状一致，形状范围从圆形到极长的矩形（图 2-2）。青皮的大小是由坚果大小与青皮厚度决定的。成熟果实青皮颜色因栽培品种而异（图 2–3），例如，‘萨婆’和‘维斯顿斯莱’的青皮为黄绿色，而‘切尼’‘绿宙 1 号’则是鲜绿色。同一栽培品种的青皮颜色会随着青皮发育阶段的变化而变化。栽培品种间青皮的表面纹理和其他表面特征差异幅度大，这些差异可用于栽培品种的鉴定。

图 2–2 薄壳山核桃果实形状

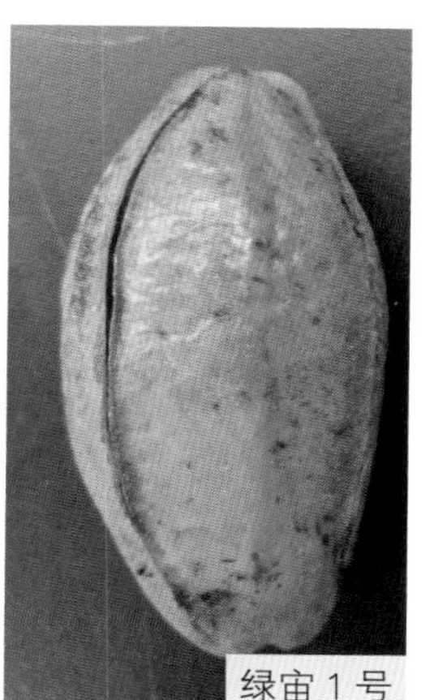

图 2–3 薄壳山核桃青皮颜色

栽培品种间的青皮厚度差异大，变化幅度从 3.43 mm（科尔比）至 3.73 mm（开普费尔）的极薄青皮到 8.75 mm（艾略特）的过厚青皮。青皮厚度也可作为栽培品种鉴定的辅助手段之一。此外，青皮厚度与坚果过早萌芽有直接关系。例如，青皮过厚的栽培品种更容易出现过早萌芽（在开裂前即可萌芽）。

不同栽培品种的青皮缝合线突起程度相差很大（图 2-4）。缝合线的突起程度从显著到中等到不明显，缝合线的突起程度可用于栽培品种的鉴定。

图 2-4　薄壳山核桃青皮缝合线

随着坚果成熟，青皮四瓣裂开或张开的开口大小在栽培品种间有着显著的差异（图 2-5）。青皮的四瓣间裂口大小是重要因子，影响着坚果干燥所需时间，并且裂口越大，坚果过早萌芽的程度越小，反之越大。青皮裂开的整齐度也因栽培品种不同而异。例如，‘巴顿’的青皮开裂较整齐一致；而‘威奇塔’坚果因成熟期不一致，在同一棵树上，既存在同一果穗的青皮张开非常整齐一致的情况，也有同一果穗青皮交错张开的情况。栽培品种的坚果成熟时青皮开裂整齐一致，是薄壳山核桃育种以及果园建立时需要考虑的重要性状和因素之一。

图 2-5　薄壳山核桃不同品种果实成熟时的裂口情况

三、坚果壳斑纹

坚果外壳（果壳）上带颜色的斑纹称为坚果壳斑纹。坚果壳斑纹是青皮和坚果壳间夹层掉落的残余痕迹。坚果壳斑纹在青皮最初裂口前开始形成，随后迅速加深。从开始形成到随后的逐渐发展，斑纹常常作为坚果不同成熟阶段的标志。斑纹通常以条纹和斑点形式出现。条纹从坚果顶端发出，色深密度大，纵向延伸并逐渐变疏变浅，直至坚果底部时变成斑点。坚果外壳上条纹和斑点的相对稠密程度是栽培品种的重要特征，可以用于栽培品种的鉴定。例如，‘斯图尔特’‘开普费尔’坚果壳具有大量斑纹，但是‘艾略特’几乎无斑纹，‘莫汉克’和‘科尔比’等品种斑纹很少，‘卡多’主要以斑点形式存在（图 2–6）。坚果外壳的底色或者背景颜色因栽培品种不同差异显著，同样可用于坚果的鉴定。‘斯图尔特’的坚果中度暗棕色，‘科尔比’棕色，‘艾略特’浅棕色。

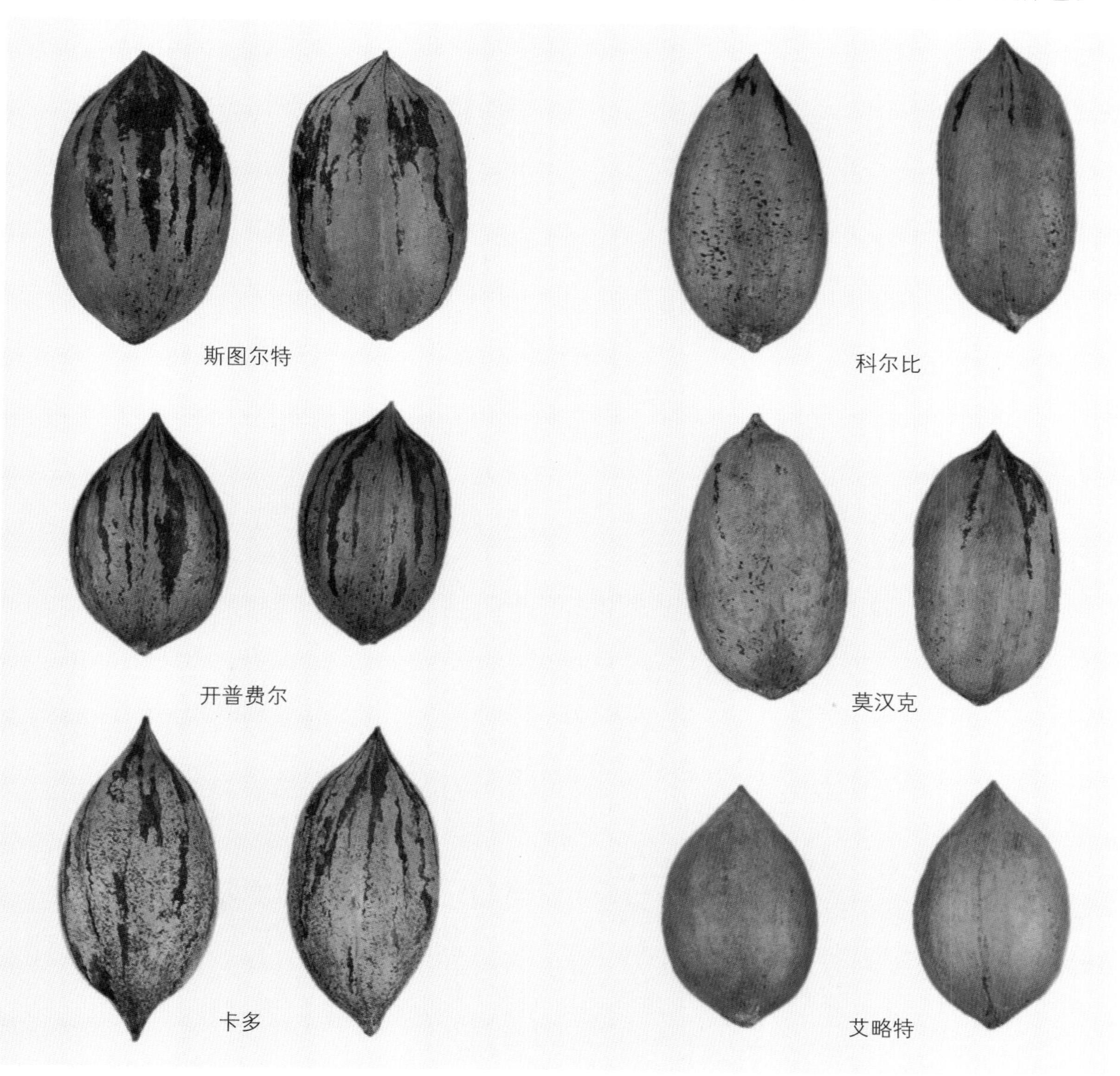

图 2–6　薄壳山核桃果壳颜色及斑纹

对于同一个栽培品种，若坚果外壳的颜色、斑纹等表面特征发育不良，说明种仁发育不良或者是瘪粒。斑纹形成不全的坚果一般呈浅桃色（图 2-7），易从正常的坚果中区分出来。可以通过果壳斑纹形成的完善程度来判断，去除空瘪的坚果，进行人工采收和分级。

图 2-7　薄壳山核桃发育不良的坚果外观

四、坚果大小

坚果大小是品种选育中需要考虑的主要性状之一。坚果大小一般用单果质量来表示。薄壳山核桃坚果大小差异很大（图 2-8），最小的单果质量仅 2 g 左右，而最大的单果质量达 10 g 以上。然而，大体积坚果的一个缺点是难以获得饱满的种仁，尤其当该栽培品种的果穗体积也大时（马罕），在立地条件差的地区，或者灌浆期严重缺水等不利环境条件下，种仁空瘪现象更为突出。对于同一个栽培品种，其坚果体积主要受土壤湿度的影响。而种仁的发育既受土壤湿度的影响，也与果实负载量有关。种仁发育与每个坚果占有叶面积以及叶子长势有关。一般而言，坚果单果质量随着坚果负载量的增加而减小，每个栽培品种都有特定的单果质量，单果质量达 7~10 g 是比较理想的。

图 2-8　薄壳山核桃坚果大小

五、坚果外形

薄壳山核桃坚果外形一般分为6种，即圆形、短椭圆形、椭圆形、长椭圆形、卵形和倒卵形（图2–9），可以用果形指数（薄壳山核桃纵径与横径的比值）进行衡量。圆形：坚果纵径与横径比为1.00~1.39；短椭圆形：坚果纵径与横径比为1.40~1.59；椭圆形：坚果纵径与横径比为1.60~1.79；长椭圆形：坚果纵径与横径比超过1.80；卵形：底部为果实最宽处；倒卵形：顶部为果实最宽处。

坚果最大横截面形状有4种，即圆形、短椭圆形、长椭圆形、扁圆形（图2–10）。坚果最大横截面的形状应从坚果的顶部观看，并以有缝合线的侧面为纵轴，以无缝合线的面为横轴。坚果底部有8种形状，即圆形、不对称圆形、短尖、钝形、不对称钝形、急尖、渐尖、锐尖（图2–11）。除了“圆”一词外，坚果顶角与底角的描述语一样。因此，坚果的顶部形状包括短尖、钝形、不对称钝形、急尖、不对称急尖、渐尖、不对称渐尖，以及锐尖（图2–12）。坚果外形是个重要特征，可用于品种鉴定。

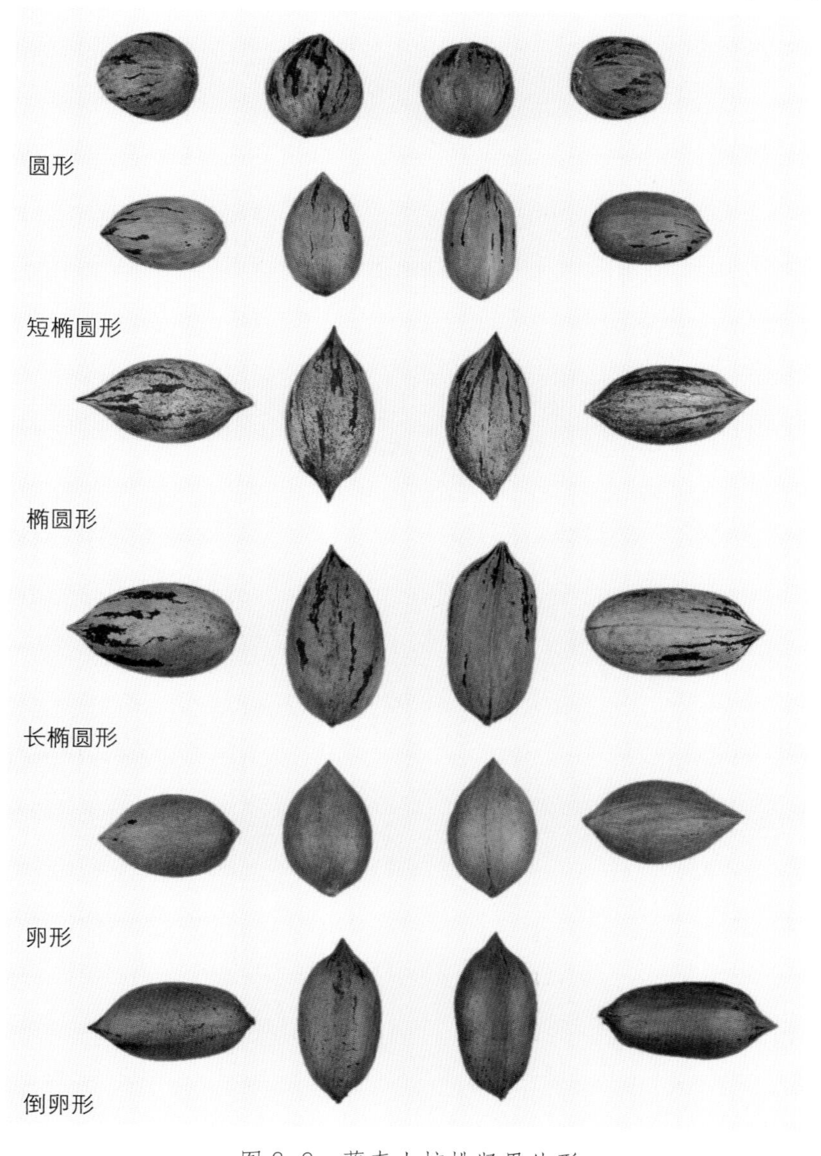

图2–9　薄壳山核桃坚果外形

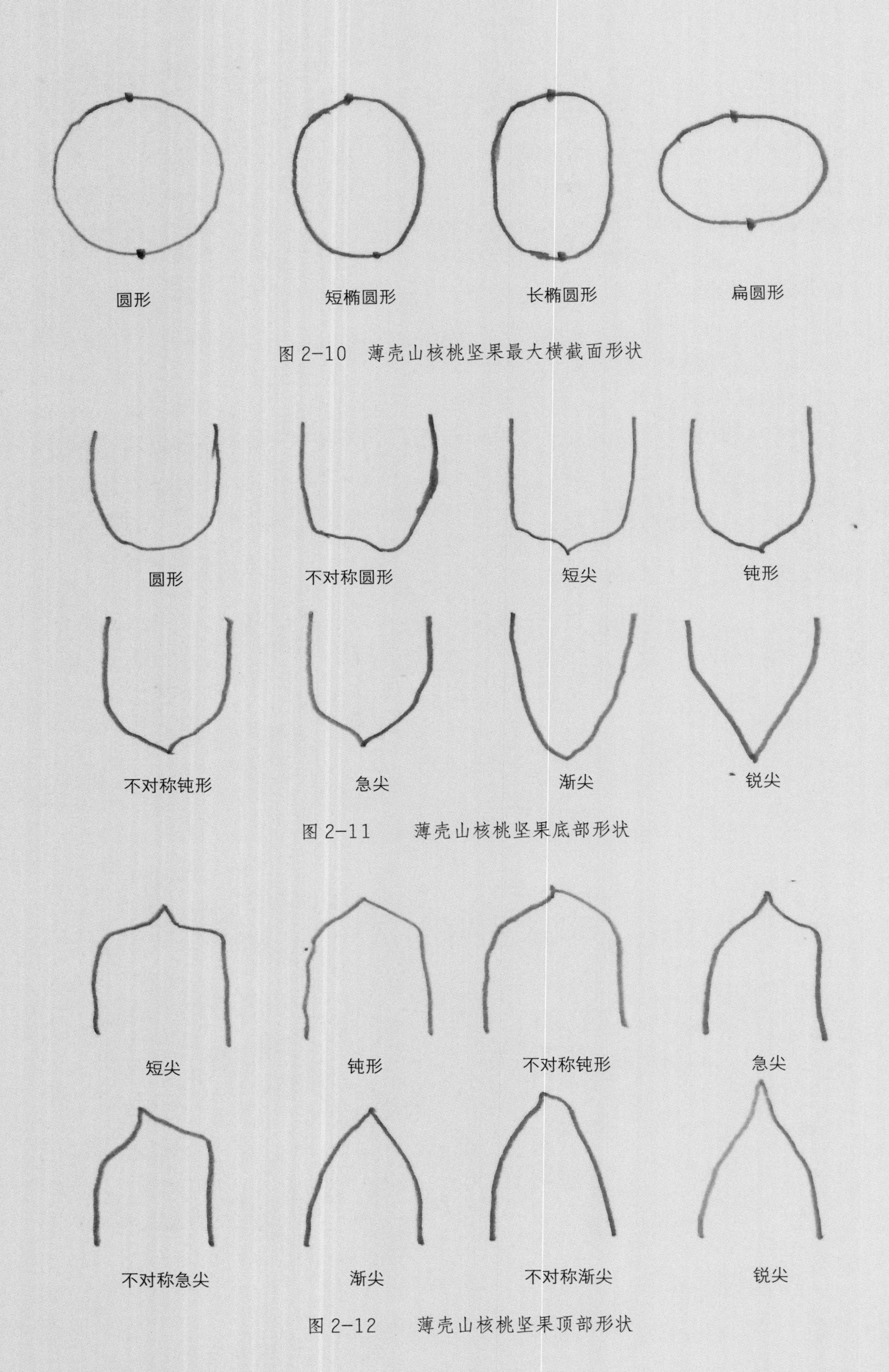

图 2-10　薄壳山核桃坚果最大横截面形状

图 2-11　薄壳山核桃坚果底部形状

图 2-12　薄壳山核桃坚果顶部形状

六、种皮颜色与基本外观

薄壳山核桃种皮颜色具有非常重要的商品特性。在薄壳山核桃销售中，浅色种皮较深色种皮更具外观吸引力。成熟早、果个大、种仁饱满、种皮颜色浅是理想的品种资源。美国农业部将薄壳山核桃种皮颜色认定为浅色、浅黄褐色、黄褐色和深黄褐色 4 种（图 2–13）。“浅色”是种仁表面大部分呈金黄色或更浅的颜色，深于金黄色的面积不超过 25%，且最深的颜色不深于浅棕色；“浅黄褐色”是 25% 以上的表面颜色呈浅棕色，但是深于浅棕色的面积不超过 25%，且最深颜色不深于中度褐色；“黄褐色”是指 25% 以上的表面颜色呈中度褐色，但是深于中度褐色的面积不超过 25%，且最深颜色不深于褐色（高度深褐色或者黑棕色的变色）；“深黄褐色”指 25% 以上的表面颜色呈深褐色，但是深于深褐色的表面积不超过 25%（高度深褐色或者是黑棕色的变色）。

随着坚果逐渐成熟，种皮颜色自然地加深，种植者往往通过早采收坚果而获得种皮颜色较浅的种仁。此外，相对于潮湿的环境，在干燥环境中生长的种仁表面颜色偏浅。在果实负载量过大或者土壤水分不足的环境条件下，种仁表面的薄层物质不能与种仁彻底分开。这种薄层物质外观难看且略带苦味。需要注意的是，薄壳山核桃采收期越早，种仁与薄层物质自然分开的时间越不充分，种仁附着的薄膜也就越多。

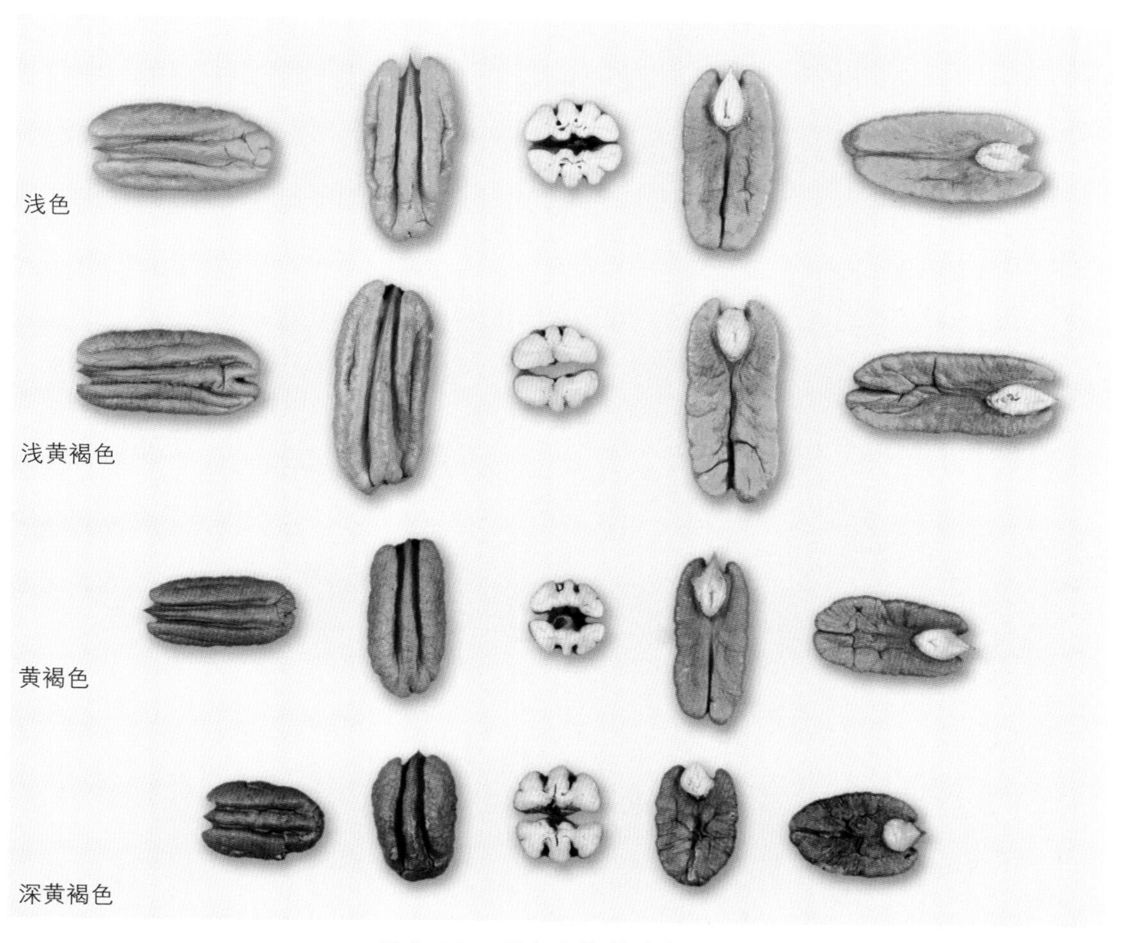

图 2–13　薄壳山核桃种皮颜色

七、种仁沟槽

种仁自然半粒的背部（与果壳相连的一侧）及腹部（与种仁中央隔墙相连的一侧）（图 2-14）具有沟槽，这两部分相应地分别称为背沟和腹沟。种仁背沟有两条主沟，一般称之为平行沟，此外，有些栽培品种还有次级背沟。腹沟仅有一条。种仁沟槽特征因栽培品种不同而异，可用于栽培品种的区分。更重要的是，沟槽影响着去壳的难易程度，因此，种仁沟槽也是具有重要商业应用价值的农艺性状之一。

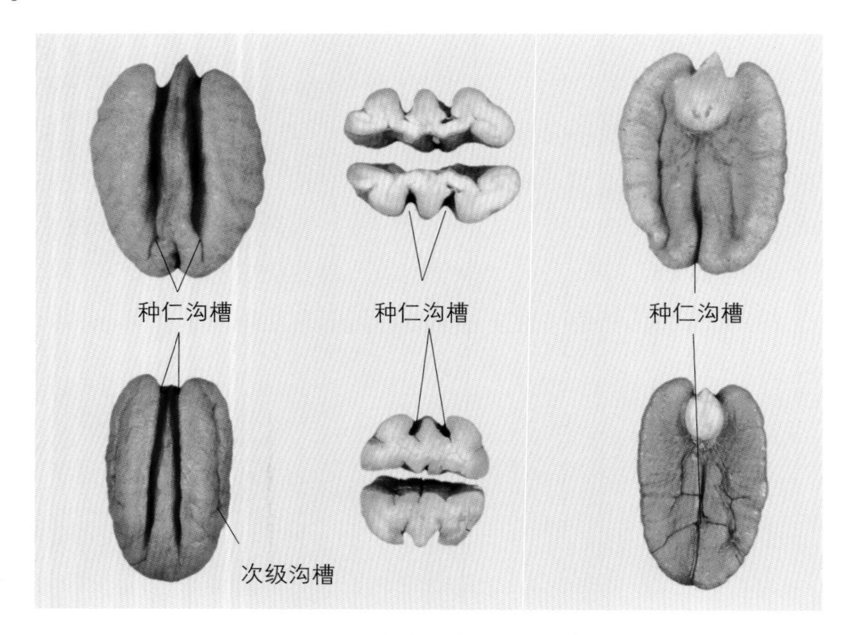

图 2-14　薄壳山核桃种仁结构

八、种仁饱满度

种仁饱满度对种仁商品价值具有重要意义，是品种选育的关键性状（图 2-15）。饱满的种仁不仅外观优美，而且可以提高含仁率，增加商品性。不饱满的种仁将被淘汰。当薄壳山核桃栽培品种坐果多时，种仁饱满度是个关键特征。一般情况下，在坐果多的压力下，坚果饱满度会有所下降。例如，‘斯莱’种仁固有饱满度小，在多坐果的压力下，可能会出现令人不满意的瘦瘪型种仁。而种仁饱满度性状更优的‘威奇塔’，种仁固有饱满度大，在同等坐果压力下，种仁饱满度则令人青睐。在灌浆期，充足的水分对于薄壳山核桃坚果填充是至关重要的，加强水分管理对于提高种仁饱满度具有重要作用，尤其是对于果个较大的品种更是如此，如图 2-16 中的‘马罕’品种在不同水分管理下种仁饱满度相差悬殊。因此，薄壳山核桃果园建设时要选择土层深厚、土壤肥沃且排水性好的沙壤土，生长季保证充足的水分，可以缩小大小年之间的差异，减少果实不饱满现象，生产出品质更优的坚果。

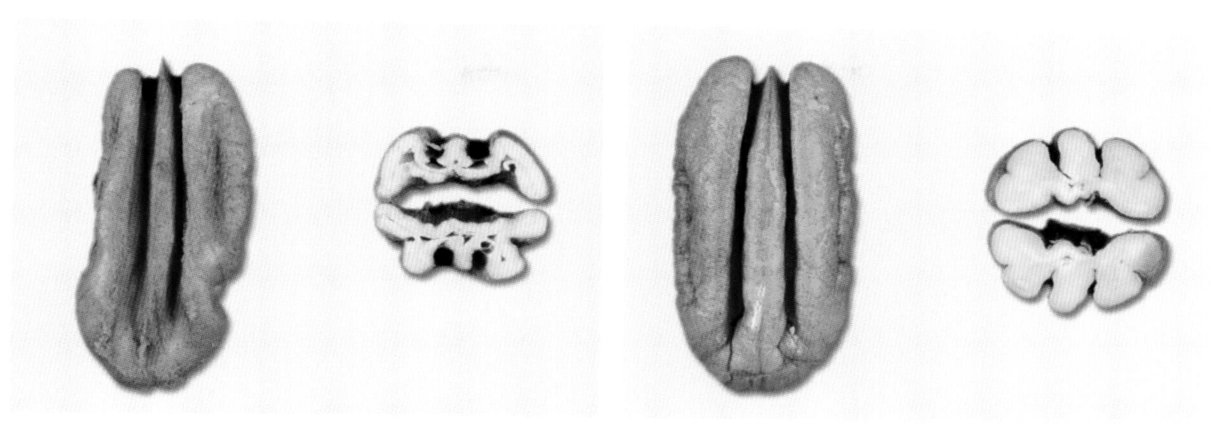

图 2-15　薄壳山核桃种仁空瘪（左）和饱满（右）

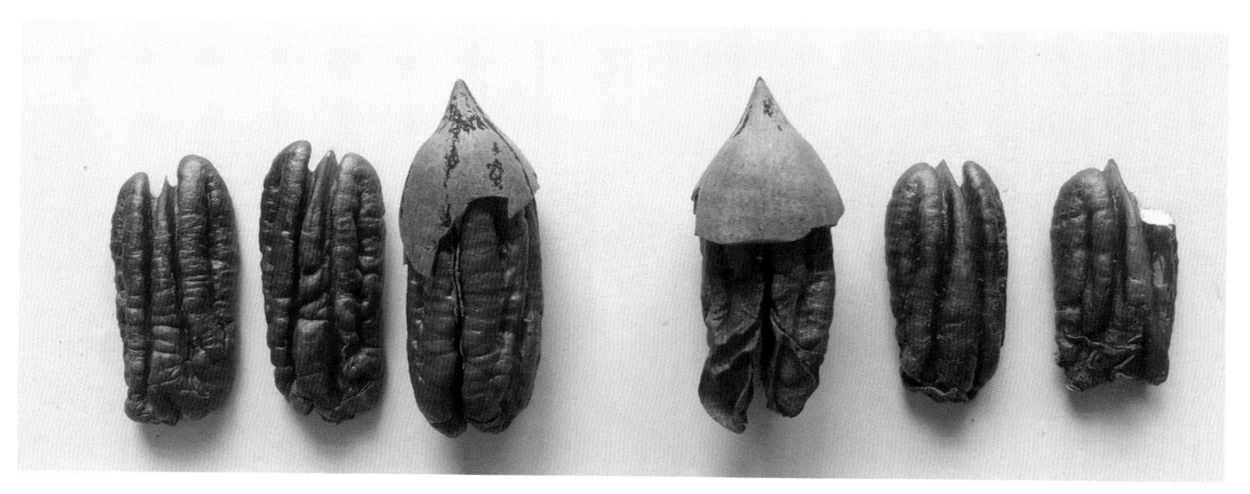

图 2-16　薄壳山核桃优良品种‘马罕’种仁饱满（左）和空瘪（右）

九、含仁率

种仁是坚果的可食部分，含仁率是指种仁质量与整个坚果质量的比值，是薄壳山核桃品种选育和栽培中的重要性状特征。含仁率受坚果大小、果壳厚度和种仁填充率等因素的影响。不同的品种含仁率不同，每个栽培品种都有各自特定的含仁率，同一品种在不同的栽培区域含仁率也会不同。土壤含水量、果实负载量、土壤肥力、光照强度、立地条件、栽培管理措施等因素决定着种仁的发育程度。通常条件下，含仁率大于 50% 是比较理想的。而在种植管理水平较高的条件下，‘西奥克斯’‘马罕’‘波尼’‘莫汉克’等优良品种的含仁率可以超过 60%。

十、果壳厚度

坚果外壳厚度与含仁率及机械采收的难易程度相关，也是薄壳山核桃的一项重要农艺性状。果壳厚度决定着坚果含仁率的大小，果壳质量随着厚度的增加而增加。对于同一个品种，湿度影响果

壳的厚度，果壳厚度随着湿度的增加而减小，湿度越小，果壳厚度越大。在环境湿度高的年份，其果壳厚度低于湿度低的年份。因此，对于同一个栽培品种来说，生长在有助于薄壳形成的气候与生长在有助于厚壳形成的气候相比较，前者产出的坚果含仁率高于后者。

十一、果壳内腔和种仁填充率

果壳内腔是指坚果壳的内体积，填充率则是种仁体积占坚果壳内腔体积的比例。填充率因栽培品种不同而异，即每个栽培品种都有其特定的填充率。从理论上看，种仁占满整个果壳时内腔的填充率是 100%。但是实际并非如此，因为随着种仁成熟，坚果含水量降低，种仁收缩并与坚果壳内墙形成了空隙，最终填充率低于 100%。一般，种仁填充率大于或等于 75%，则说明该栽培品种的种仁充实。种仁填充率显著影响坚果含仁率。

十二、机械采收的适合度

果壳厚的栽培品种在机械采收过程中不易破裂，适合机械采收。果壳较薄的栽培品种如果种仁填充率高，也是适合机械采收的，如‘威奇塔’。然而种仁填充率低的品种，由于果壳与种仁间的间隙大，采收过程中承受不住机械压力，容易破裂。

十三、机械去壳和手剥去壳的容易度

决定坚果去壳难易程度的因素主要有 4 个，即种仁的填充率、种仁的沟槽、坚果外形、坚果内分心木破除的难易程度。如果种仁填充率高，则难以获得高比例的完整种仁，如‘威奇塔’。种仁表面的沟槽类型也具有重要作用，这是因为沟槽类型控制着沟槽所夹带的薄层物质的去除难易程度。如果沟槽宽，如‘财神’，夹带的薄层物质就容易去除。如果沟槽深而窄，如‘维斯顿斯莱’，夹带的薄层物质则不易去除。如果坚果太长，如‘马罕’，或者太圆，如‘肖肖尼’，机械去壳就比较困难。去壳容易度也是优良品种选育的重要性状之一。

十四、种仁含油率

对于一个栽培品种而言，种仁的含油率可间接地衡量种仁的发育程度，坚果内饱满种仁含油率高于坚果内不饱满种仁。一般情况下，每个栽培品种的种仁都有各自特定的含油率。然而，含油率随着季节、采收日期或坚果成熟期、果实负载量以及其他生长压力因素的变化而发生显著变化。采收早的坚果含油率明显低于晚收的坚果。大多数栽培品种的含油率约为 60% 或更高。由于薄壳山核桃含油率高，因此已经作为一种木本油料树种推广应用。

十五、脂肪酸组分

研究表明，薄壳山核桃含有 15 种脂肪酸，对于同一个品种，脂肪酸组分和含量是相对稳定的，不同品种脂肪酸含量不同，存在遗传多样性。不饱和脂肪酸含量占比 90% 以上，单不饱和脂肪酸含量平均占比 64.54%，最高可达 80%，因此，薄壳山核桃油是名副其实的健康生态食用木本油。

十六、耐贮性

消费者可以根据种皮颜色来直接估测薄壳山核桃的品质。这意味着种皮的颜色会直接影响薄壳山核桃的价格，因此种皮颜色也成为薄壳山核桃的重要特性之一。在采后贮藏过程中，坚果或者种仁的耐贮性，即品质保持不变的贮藏时间是薄壳山核桃产业发展的关键之处。薄壳山核桃种仁在贮藏过程中，种皮都呈现出由金黄色向淡褐色、中度褐色，最终呈现深褐色的颜色转变。干果带壳低温贮藏的方式可以减缓种仁种皮变褐的速度（图 2-17）。一般而言，带壳的种仁较去壳的种仁稳定性好。

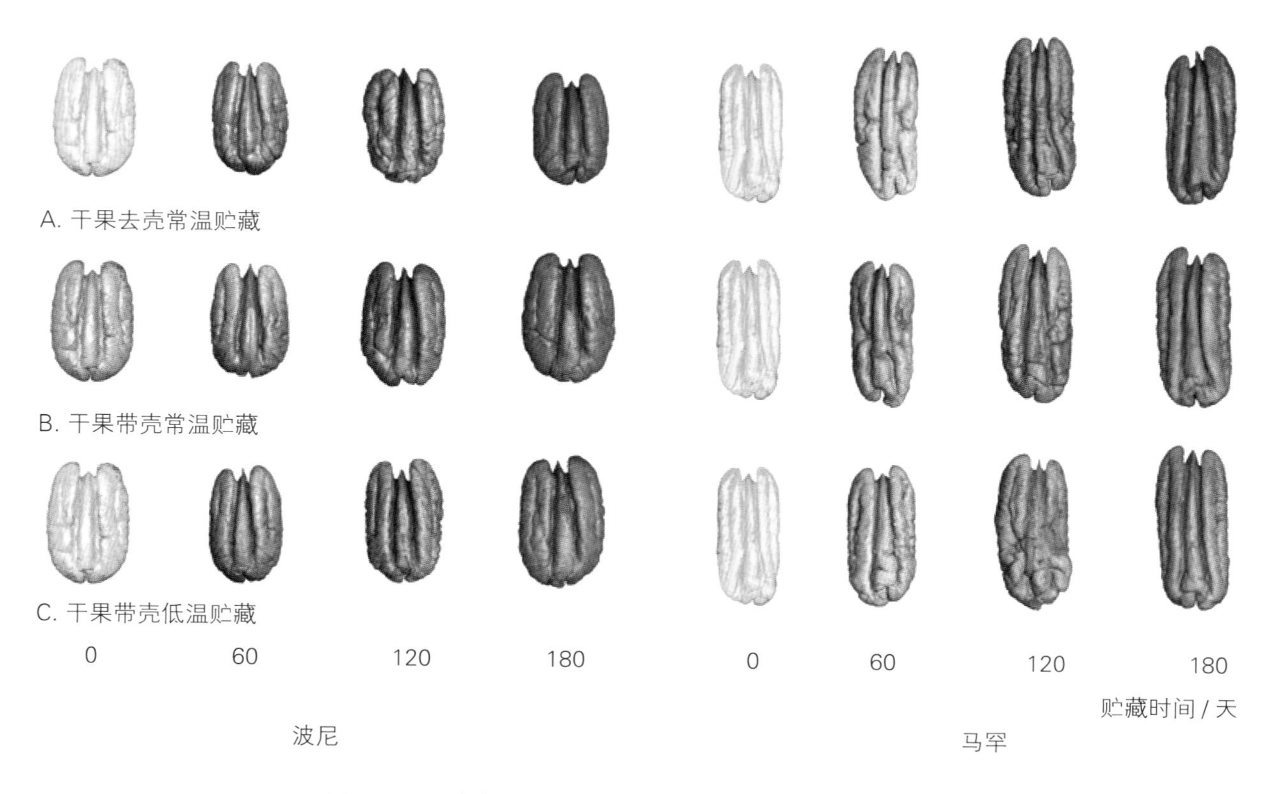

图 2-17　薄壳山核桃采后贮藏过程中种皮颜色的变化

3

第三章 对病虫害的抗性

薄壳山核桃常见病害有疮痂病、褐斑病、叶枯病以及丛枝病等；薄壳山核桃的主要虫害有天牛、金龟子、叶蜂、警根瘤蚜、桃蛀螟等。薄壳山核桃对病虫害的抗性是指其对病虫害的抵御能力的大小，例如，‘艾略特’对疮痂病免疫，而‘斯图尔特’对疮痂病的抗性比‘斯莱’强。

病　害

一、疮痂病

疮痂病是一种真菌性病害，该病在薄壳山核桃果实（图 3–1）、枝条和叶片（图 3–2）中均存在，具有毁灭性。病原菌为黑星菌属真菌（*Venturia effusa* 或 *Fusicladium effusum*），主要在嫩枝及病叶中越冬。春天时，病原菌会产生分生孢子并通过空气或雨水传播，如果条件合适，如春夏多雨时期，病情会迅速发展。薄壳山核桃疮痂病免疫和抗性是育种和栽培中应考虑的首要因素。果实发育早期感染疮痂病，将会破坏整颗坚果。不同品种对疮痂病的抗性不同，且高温高湿环境易感染疮痂病。如 2020 年，南京地区种植的‘威奇塔’和‘肖尼’由于疮痂病导致绝收。疮痂病发病严重性与环境条件直接相关，另外，郁闭果园易感染疮痂病，而在通风透气、阳光充足的宽敞位置生长的植株则不易感染疮痂病。

图 3–1　‘肖尼’果实感染疮痂病

图 3–2　幼龄实生树叶片感染疮痂病

二、褐斑病

褐斑病主要危害叶片、嫩梢和果实。叶片染病初期会出现近圆形或不规则形灰褐色的病斑，病斑叶片严重时出现焦枯死亡，提早落叶。嫩梢发病时，出现长形或不规则形稍凹陷褐色病斑，严重

时病斑包围枝条，使上部枯死。受害时表皮初现小而稍隆起的褐色软斑，后迅速扩大渐凹陷变黑，种仁变成黑色而腐烂。高温多雨会加重该病害的发生。2020 年，夏季高温多雨使‘马罕’感染褐斑病（图 3–3，图 3–4），叶片脱落，幼果无法正常发育，导致果实早期脱落，给产业发展带来巨大损失。不同品种对褐斑病的抗性存在差异。

图 3–3 ‘马罕’感染褐斑病症状

图 3–4 褐斑病局部症状

三、煤污病

煤污病又称烟煤病，刺吸式昆虫如蚜虫等在叶表面取食后常会分泌蜜露，蜜露附着在植物的叶片、枝条或者果实的表面形成一层“糖衣”，煤污病病原菌生长在“糖衣”上并以此为食，黑色菌丝生长繁殖并最终在植物表面形成了致密的网络，犹如煤污。煤污病病原菌的孢子或者菌丝体碎片通常借助雨水或者气流传播。当孢子或者菌丝在含有蜜露的基质上萌发后，煤污病病原菌会在植株表面生长。发病初期，植株体表可产生黑色烟煤状物质或覆盖绒毛状物，随后霉斑扩大并连接成片，最终形成霉层，布满整个叶片、嫩枝及果实；发病后期，部分病原菌造成的烟煤状物上会形成子囊壳、分生孢子器等结构，越冬后成为第二年的初侵染来源，并可造成多次的再侵染（图 3–5）。煤污病发病盛期为每年的 3—6 月和 9—11 月，其发病高峰期往往与蚜虫、介壳虫及粉虱等刺吸式害虫的危害盛期一致。已有研究表明：薄壳山核桃煤污病发病率由高到低顺序依次为‘绍兴’（66.79%）、‘斯图尔特’（61.98%）、‘威奇塔’（54.08%）、‘金华’（48.79%）、‘马罕’（27.17%）和‘波尼’（24.13%）。对患煤污病植株叶片进行解剖分析表明，煤污病病原菌附着在叶片表面生长，没有侵入植物组织。

图 3–5　‘绍兴’感染煤污病

虫　害

一、天牛

天牛是一种蛀干性害虫，属鞘翅目天牛科，主要种类有星天牛（图 3–6）、光肩星天牛（图 3–7）、云斑天牛（图 3–8）、桑天牛（图 3–9）、红颈天牛（图 3–10）等，危害性极大，若防治不及时，可以导致大树死亡。幼虫乳白色或黄白色，扁圆柱形，前胸背板发达，扁平，胸、腹节背面具骨化区或突起，胸足退化，但保留遗痕（图 3–11）。成虫多在白天活动，产卵于树缝，或以其强大的上颚咬破植物表皮，产卵于组织内。幼虫多钻蛀树木的茎或根，深入木质部，做不规则的隧道，严重影响树势，甚至造成植株死亡（图 3–12 至图 3–14）。通常情况下，幼龄树发生率低，中龄树发生较为严重，且种植区域周边有杨树、柳树时，受天牛危害严重。目前对天牛采取预防为主，防早防少，及时发现，采用人工捕捉、蛀孔塞药等方法进行防治。在天牛幼虫进入木质部之前的 1 个月（一般为 8 月份）为防治天牛的最佳时期。

图 3-6 星天牛

图 3-7 光肩星天牛

图 3-8 云斑天牛

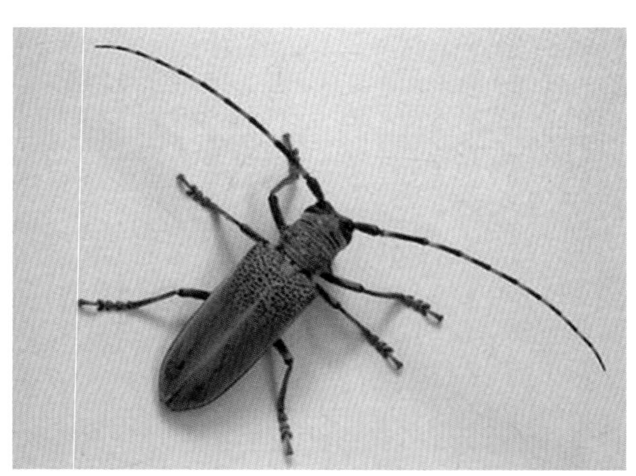

图 3-9 桑天牛

图 3-10 红颈天牛

图 3-11 天牛幼虫

图 3-12　受天牛危害的薄壳山核桃树干底部

图 3-13　天牛对树干的危害

图 3-14　天牛导致成年大树死亡

二、金龟子

金龟子，为鞘翅目金龟子科昆虫（图 3–15）。主要危害幼龄薄壳山核桃果园，尤其是采用两年生小苗新建立的薄壳山核桃果园。金龟子成虫在夜间活动，主要危害薄壳山核桃叶片，形成网状孔洞和缺刻（图 3–16）。如果防治不及时，短时间内可将薄壳山核桃叶片吃光，影响薄壳山核桃生长发育。金龟子成虫具有趋光性，可以利用黑光灯进行诱杀（图 3–17）。金龟子幼虫，称为蛴螬，为地下性害虫，取食薄壳山核桃的根部。在金龟子成虫活动的盛期（4—6 月），如果防治不及时，其成虫孵化的下一代幼虫，会在当年危害薄壳山核桃的根部组织。

图 3-15　金龟子

图 3-16　受金龟子危害的幼树

图 3-17　黑光灯诱杀金龟子

三、桃蛀螟

桃柱螟为鳞翅目螟蛾科昆虫，其幼虫主要危害果实（图 3-18）。该害虫危害幼果时，能够蛀空整个果实而导致落果，对于硬壳期的果实，幼虫蛀食其青皮，形成孔道，制约养分和水分传导，影响薄壳山核桃种仁填充，导致种仁发育不饱满，既影响产量，同时又影响果实品质。不同品种对桃蛀螟的抗性存在差异，如‘波尼’‘绍兴’‘金华’易受危害，而‘马罕’‘卡多’‘切尼’‘帮可特’等果实未发现该虫害的发生。不同年份，该虫害的发生率存在差异。果实进入灌浆期时，要加强对该虫害的防治，及时喷洒杀虫剂。

图 3-18　桃蛀螟危害薄壳山核桃果实

四、警根瘤蚜

警根瘤蚜属半翅目根瘤蚜科害虫，主要危害实生苗叶片（图 3-19），优良品种嫁接苗或成年树的叶片受害程度小（图 3-20）。警根瘤蚜致使薄壳山核桃叶片上布满密密麻麻的虫瘿，严重影响植物的光合作用。叶片开始发育时，该虫害即可危害叶片。

图 3-19　薄壳山核桃实生苗警根瘤蚜

图 3-20　薄壳山核桃嫁接苗警根瘤蚜

五、叶蜂

叶蜂为膜翅目叶蜂科害虫，其幼虫取食薄壳山核桃叶片，在5—6月份危害最为严重，可将叶片吃光，仅剩粗叶脉（图3-21）。幼虫有群居性，昼夜均取食。

图3-21　叶蜂危害薄壳山核桃叶片

六、刺蛾

刺蛾是鳞翅目刺蛾科昆虫，俗称洋腊子（图3-22）。刺蛾有黄刺蛾、褐刺蛾和青刺蛾3种。刺蛾幼虫主要危害薄壳山核桃叶片，使其呈网状，影响树体生长。成虫寿命较短，对薄壳山核桃危害较小。刺蛾以老熟幼虫在树干和树枝处结茧过冬，茧的外表有一层似树皮的保护色层。

图3-22　刺蛾危害薄壳山核桃叶片

七、椿象和缘蝽

椿象为半翅目昆虫（图 3-23），危害薄壳山核桃的椿象有稻绿椿象、黄斑椿象。椿象和缘蝽主要危害薄壳山核桃果实，在果实硬壳期之前，椿象能够取食果实，可导致落果。在果实灌浆期，在椿象刺吸式口器采食处，种仁形成黑色斑点（图 3-24），影响果实品质。

图 3-23　椿象

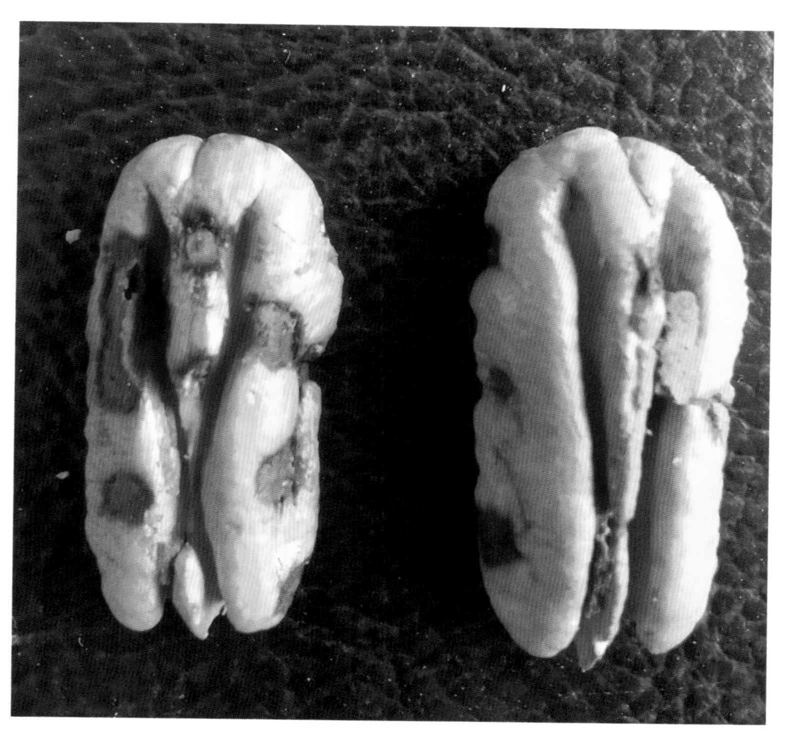

图 3-24　受椿象危害的种仁

八、蚜虫

薄壳山核桃蚜虫有两种，分别为黑色蚜虫和黄色蚜虫。不同栽培品种对这两种蚜虫的抗性不同。‘开普费尔’对黑色蚜虫免疫，‘肖肖尼’也对黑色蚜虫具有很强的抗性。‘维斯顿斯莱’对黄色蚜虫和黑边翅脉蚜虫非常敏感，而‘波尼’则对其具有一定程度的抗性。

值得注意的是，煤烟病病原菌是以蚜虫分泌的“蜜露”为营养源的，病菌层累积将减少叶片捕获的光线，从而显著降低光合作用。严重的煤烟病甚至导致叶片提前脱落。因此，煤烟病对薄壳山核桃造成的损害比蚜虫更大。

第四章 国外引进的优良品种

4

一、波尼（Pawnee）

美国引进优良品种，‘莫汉克’×‘红星勇巨’杂交选育而成，1984 年发布。复叶较大，叶片深绿色（图 4–1）。复叶笔直，不下垂，复叶轴上的小叶同样笔直，并且同一复叶上的小叶完全保持在同一水平面上。一年生枝条皮孔数量少（图 4–2）。树形非常直立、狭窄（图 4–3）。秋季落叶晚。

雄先型。南京地区 3 月下旬萌芽（图 4–4），4 月上旬展叶（图 4–5）。雄花的柔荑花序短而粗，散粉早（图 4–6），为 4 月底至 5 月上旬，雌花可授期为 5 月上旬。雌花可授期和雄花散粉期部分相遇，可部分自花结实，雌花颜色为红色（图 4–7）。授粉品种为‘卡多’‘维斯顿’‘斯图尔特’‘维斯顿斯莱’‘肖肖尼’等。坚果非常早熟，果实成熟期为 9 月中下旬。

青皮缝合线突起（图 4–8），坚果快成熟前青皮出现斑点。坚果椭圆形，顶部呈钝角，底部呈圆角（图 4–9），最大横截面为扁圆形（横侧比为 1.03 ：1）。果壳表面粗糙，缝合线突起，凸脊明显（图 4–9）。坚果平均单果质量 8.67 g，纵径 41.63 mm，横径 23.00 mm，果形指数 1.809；果壳中厚，厚度约 0.758 mm。平均含仁率 60.31%，种仁含油率 67.39%。种仁中不饱和脂肪酸含量为 568.17 mg/g，占总脂肪酸含量的 91.54%，其中单不饱和脂肪酸含量占比 67.62%，多不饱和脂肪酸含量占比 32.38%。种皮金黄色，种仁背沟宽，底部裂口深（图 4–9）。该品种对疮痂病敏感度中等，对黄色蚜虫抗性非常强。是推广应用和育种的理想种质材料。

图 4–1　‘波尼’复叶

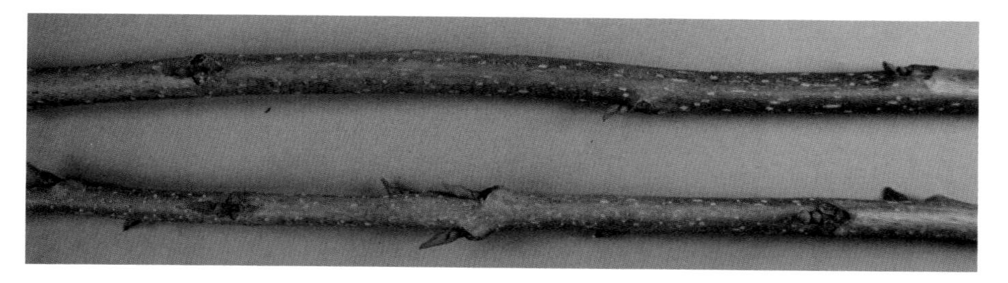

图 4–2　‘波尼’一年生枝条

图 4-3 ‘波尼’树形

图 4-4　‘波尼’萌芽

图 4-5　‘波尼’展叶和雄花显露

图 4-6　‘波尼’雄花散粉

图 4-7　‘波尼’雌花

图 4-8 ‘波尼’果实

Pecan Kernel Color Rating：薄壳山核桃种皮颜色等级；
1. Light Cream：淡奶油色；2. Cream：奶油色；3. Golden：金黄色；4. Light Brown：浅褐色；
5. Reddish Brown：红褐色；6. Dark Reddish Brown：深红褐色。

图 4-9 ‘波尼’坚果与种仁

二、马罕（Mahan）

美国引进优良品种，实生选育。叶片绿色到深绿色，叶片下垂（图 4–10）。一年生枝条皮孔数量少（图 4–11）。树势旺盛，树冠开张（图 4–12）。

雌先型。南京地区 3 月下旬萌芽（图 4–13），3 月底展叶（图 4–14）。雄花显现期为 4 月中旬，雄花的柔荑花序细长形（图 4–15），雌花（图 4–16）可授期为 4 月底，早于其他品种，雄花散粉期为 5 月中旬。雌花可授期和雄花散粉期不遇。授粉品种为‘波尼’‘卡多’‘维斯顿’等。果实成熟期为 10 月下旬。

图 4–10 ‘马罕’叶片

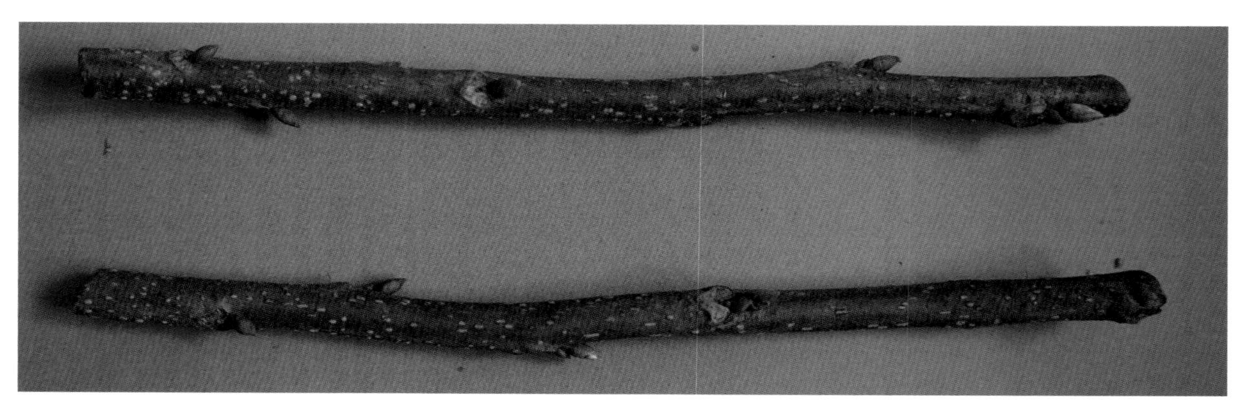

图 4–11 ‘马罕’一年生枝条

图 4-12 ‘马军’树形

图 4-13 ‘马罕’萌芽

图 4-14 ‘马罕’展叶

青皮缝合线突起（图 4-17）。坚果长椭圆形，整体呈宽扁状，中央呈马鞍状，两端呈锐角，不对称（图 4-18），最大横截面为扁圆形（横侧比为 1.134 ∶ 1）。坚果平均单果质量 8.13 g，纵径 54.38 mm，横径 23.50 mm，果形指数 2.322；果壳极薄，厚度约 0.512 mm。平均含仁率 61.36%，种仁含油率 60.23%。种仁中不饱和脂肪酸含量为 421.84 mg/g，占总脂肪酸含量的 93.61%，其中单不饱和脂肪酸含量占比 58.64%，多不饱和脂肪酸含量占比 41.36%。种仁次级背沟及底部裂口深，果实饱满性差，在接近底部的地方种仁干瘪，表面质感硬（图 4-18）。早实丰收，但该品种树龄成熟时，果实负载量过大，大小年现象明显。对疮痂病非常敏感。高温高湿条件下，易感褐斑病，落叶严重，导致落果，严重时会导致绝收。该品种果个大、壳薄、含仁率高，是育种的理想材料，也是诸多现有优良品种的亲本。同时，该品种由于坚果个大，对土肥水要求也高。

图 4-15　‘马罕’雄花

图 4-16　‘马罕’雌花

图 4-17 ‘马罕’果实

图 4-18 ‘马罕’坚果和种仁

三、威奇塔（Wichita）

美国引进优良品种，‘霍伯特（Halbert）’×‘马罕’杂交选育而成，1959年发布。2017年12月通过江苏省林木品种审定委员会审定。叶片深绿色，有光泽，小叶尤其是茎枝末梢上复叶中的小叶外观呈波状或卷曲状（图4–19）。一年生枝条皮孔数量多（图4–20）。树势旺盛，扇形分枝（图4–21）。

雌先型。南京地区3月下旬萌芽（图4–22），4月上旬展叶（图4–23）。雄花初现期为4月中旬，雌花可授期为4月底至5月初，与‘马罕’可授时间相近，雄花的柔荑花序细长形（图4–24），雄花散粉期在5月5—12日。雌雄花期不遇，自花不能结实，授粉品种为‘卡多’‘波尼’等。果实成熟期为10月中下旬。

图4–19 ‘威奇塔’叶片

图4–20 ‘威奇塔’一年生枝条

图 4-21 ‘威奇塔’树形

青皮中厚，表面粗糙，缝合线间具有一条凸脊，沿着整个果实的纵径延伸（图 4–25）。坚果长椭圆形，果基呈急尖状，果顶急尖到不对称急尖，最大横截面为矩形。坚果表面光滑，缝合线不突起，并且无缝合线的侧面扁圆形，凸脊也不明显（图 4–26）。条纹数量中等，坚果基部上的斑点较多。种皮金黄色到浅褐色，种仁背沟狭窄，底部有个宽而浅的裂口。果形中偏大，坚果平均单果质量 7.48 g，纵径 45.48 mm，横径 20.78 mm，果形指数 2.190，果壳厚 0.723 mm。平均含仁率 59.94%，种仁含油率 72.44%。种仁中不饱和脂肪酸含量为 424.61 mg/g，占总脂肪酸含量的 91.89%，其中单不饱和脂肪酸含量占比 60.71%，多不饱和脂肪酸含量占比 39.29%。含仁率与含油率均高于绝大部分品种，结果早，易脱壳，口感好。‘威奇塔’对疮痂病非常敏感，在高温高湿地区慎种。该品种适宜于江苏泗洪等苏北地区种植，不宜在南京等高温高湿、雨水较多的地区种植。

图 4–22 ‘威奇塔’萌芽

图 4–23 ‘威奇塔’展叶

图 4-24　‘威奇塔’雄花

图 4-25　‘威奇塔’果实

图 4-26　‘威奇塔’坚果与种仁

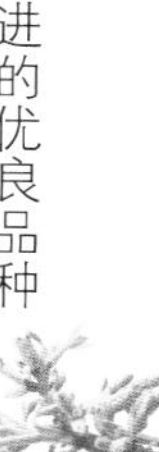

四、肖尼（Shawnee）

美国引进优良品种，‘斯莱’×‘巴顿’杂交选育而成，1968 年发布。叶片深绿色，有光泽，向下卷曲，呈杯状（图 4-27）。一年生枝条皮孔数量较多（图 4-28）。茎节间短，树形直立（图 4-29）。

雌先型。南京地区 3 月下旬开始萌芽（图 4-30），比‘波尼’略早 2~3 天，4 月上旬展叶（图 4-31）。雄花的柔荑花序细长形（图 4-32），雄花初现期为 4 月中旬，雌花（图 4-33）可授期为 5 月上旬，雄花散粉期为 5 月中旬。授粉品种为‘维斯顿斯莱’‘卡多’‘维斯顿’等。果实成熟期为 10 月中旬。

图 4-27 ‘肖尼’叶片

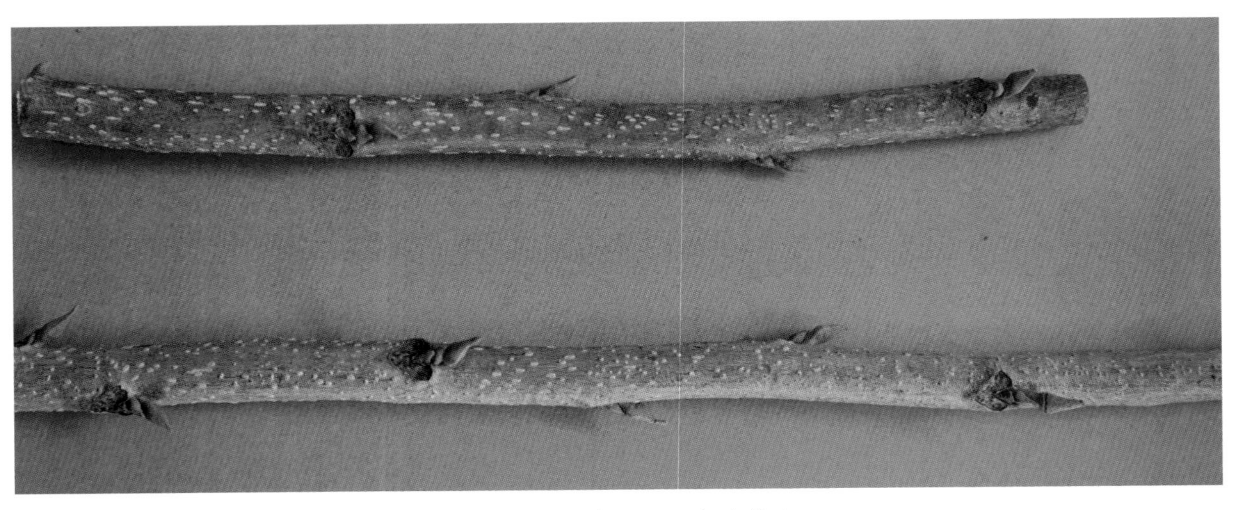

图 4-28 ‘肖尼’一年生枝条

图 4-29 ‘肖尼’树形

图 4-30 ‘肖尼’萌芽

图 4-31 ‘肖尼’展叶

图 4-32 ‘肖尼’雄花

图 4-33 ‘肖尼’雌花

青皮厚度中等。坚果长椭圆形，果基从钝形变化到不对称钝形，果顶呈钝形或不对称钝形。果壳两半大小相等（图 4–34）。坚果最大横截面为短椭圆形。果壳上的缝合线不突起，凸脊非常细微。壳上有少量细条纹，并且大多分布在果顶附近。果壳底色为浅褐色到中褐色，斑纹则是略带红色的褐色（图 4–34）。坚果体积中等，平均单果质量 7.13 g，纵径 46.08 mm，横径 20.05 mm，果形指数 2.298；果壳薄，厚度约 0.661 mm。平均含仁率 46.46%，种仁含油率 59.03%。种仁中不饱和脂肪酸含量为 346.04 mg/g，占总脂肪酸含量的 93.57%，其中单不饱和脂肪酸含量占比 67.29%，多不饱和脂肪酸含量占比 32.71%。壳薄，易剥离种仁。种仁背沟浅。腹沟细微，只有位于种仁顶部的腹沟深而紧，种仁表面光滑。仁色好，风味极佳。种仁长，有特定的厚度，仁肉充实（图 4–34）。总体上，种仁品质极佳。耐贮性非常好。‘肖尼’对疮痂病敏感，2020 年南京六合地区，雨季长达 60 天左右，病害严重，‘肖尼’和‘威奇塔’两个品种绝收。该品种在南京等高温高湿地区不宜种植。

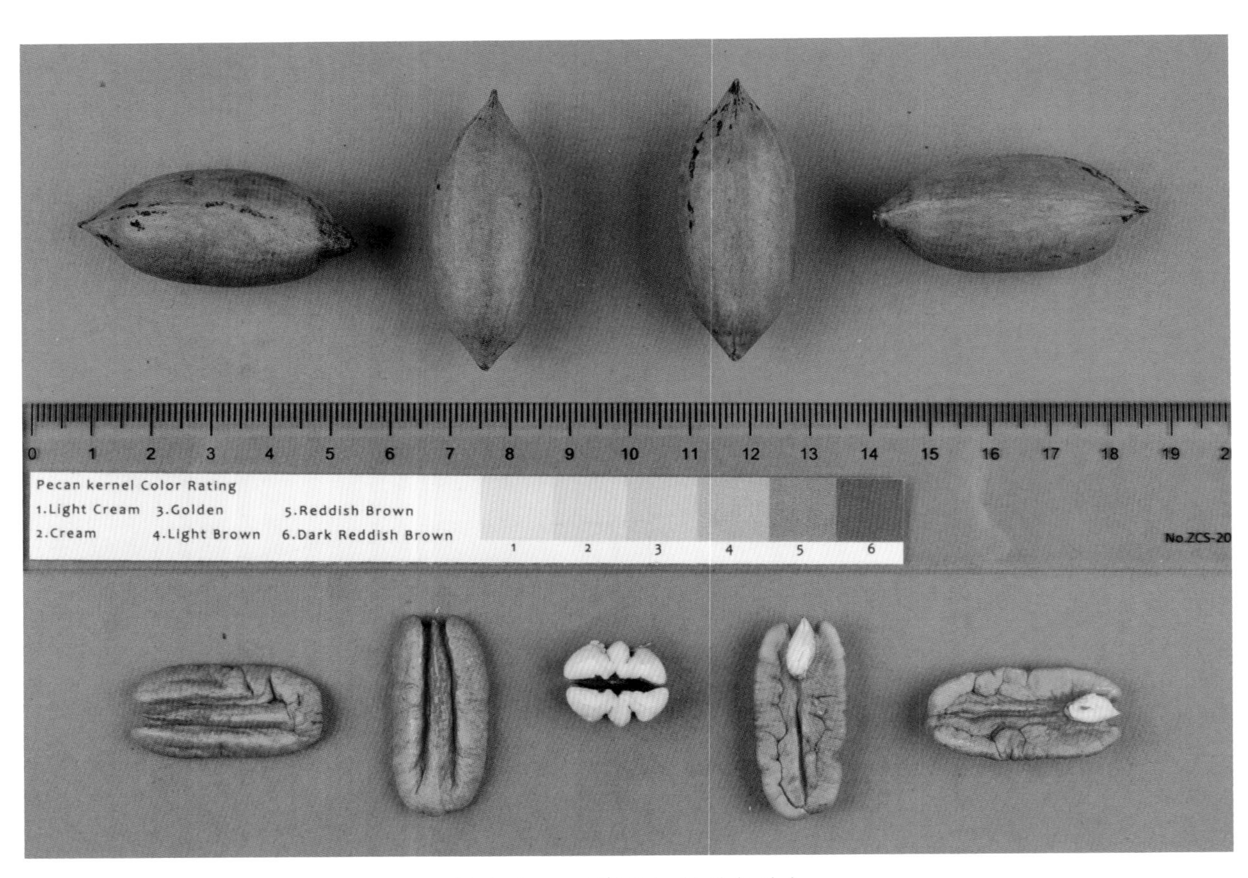

图 4–34　‘肖尼’坚果与种仁

五、莫汉克（Mohawk）

美国引进优良品种，‘成功’×‘马罕’杂交选育而成，1965 年发布。萌芽时间较晚。复叶大，叶片颜色极其深绿，复叶及其小叶向内向下卷曲。与亲本‘成功’一样，该品种复叶下垂（图 4-35）。秋季叶片保留性中等。一年生枝条皮孔数量较多，芽体长（图 4-36）。树体高大，树高大于树宽，树势旺盛（图 4-37）。

图 4-35 ‘莫汉克’叶片

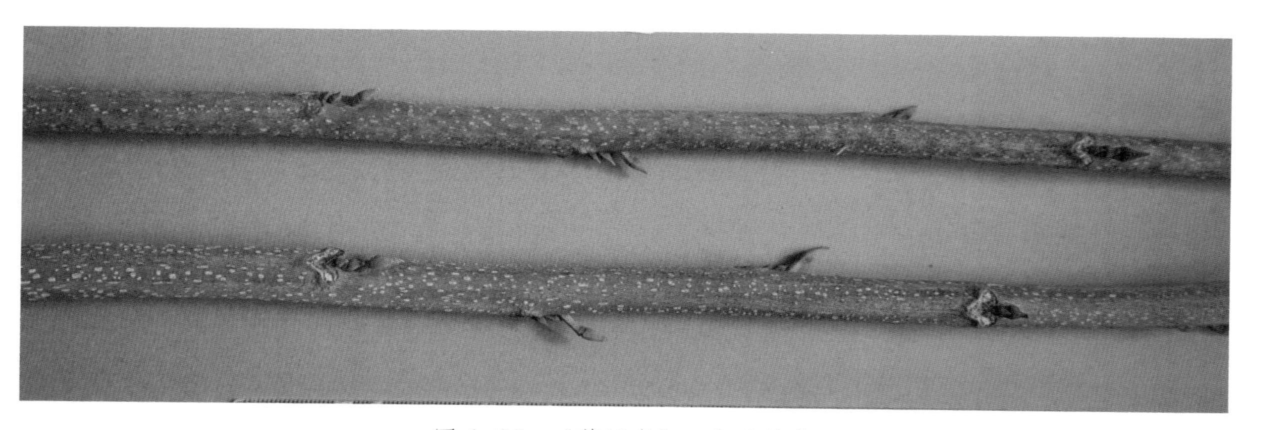

图 4-36 ‘莫汉克’一年生枝条

图 4-37　‘莫汉克’树形

雌先型。南京地区3月底萌芽（图4–38），4月中旬展叶（图4–39）。雄花的柔荑花序细长形（图4–40），散粉期（图4–41）为5月中旬，雌花（图4–42）可授期为5月上旬。授粉品种为‘维斯顿’‘马罕’‘威奇塔’等。果实成熟期为10月上旬。

青皮表面粗糙，缝合线突起（图4–43）。坚果长椭圆形，两端呈钝角，最大横截面呈轻微的宽扁状。果壳上缝合线突起而细，有明显的条纹（图4–44）；果壳底色为褐色，具有略带红色的黑色斑纹。坚果外表美观，平均单果质量9.61 g，纵径46.07 mm，横径24.365 mm，果形指数1.892；果壳薄，厚度约0.786 mm。平均含仁率60.66%，种仁含油率65.90%。种仁中不饱和脂肪酸含量为381.99 mg/g，占总脂肪酸含量的93.93%，其中单不饱和脂肪酸含量占比67.10%，多不饱和脂肪酸含量占比32.90%。种皮金黄色到浅褐色，种仁饱满，背沟狭窄（图4–44）。

图4–38 ‘莫汉克’萌芽

图 4-39 ‘莫汉克’展叶及雄花显露

图 4-40 ‘莫汉克’雄花

图 4-41 ‘莫汉克’雄花散粉

图 4-42 ‘莫汉克’雌花

图 4-43 ‘莫汉克’果实

图 4-44 ‘莫汉克’坚果和种仁

六、卡多（Caddo）

美国引进优良品种，‘布鲁克斯’×‘艾丽’杂交选育而成，1968年发布。叶片深绿色，复叶下垂（图4–45）。一年生枝条皮孔数量较多（图4–46）。树冠非常开张（图4–47）。

雄先型。南京地区3月底萌芽（图4–48），4月下旬展叶（图4–49）。雄花显露期（图4–50）早，为4月10日前后，伴随着展叶同时进行，花粉散粉期非常早，为4月下旬。雌花（图4–51）可授期为5月上中旬。雌花可授期和雄花散粉期部分相遇。可以作为‘波尼’的授粉品种。授粉品种为‘马罕’‘威奇塔’。果实成熟期为10月中旬。

图4–45 ‘卡多’叶片

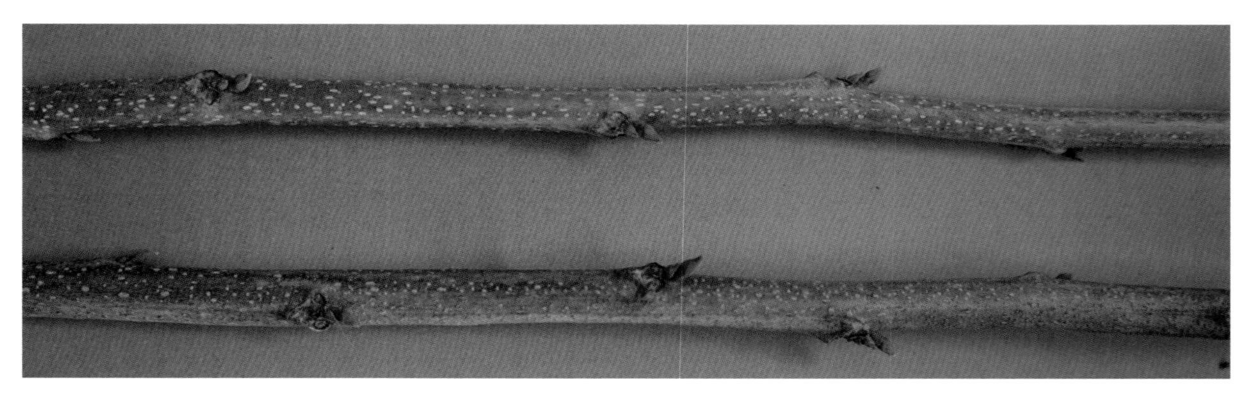

图4–46 ‘卡多’一年生枝条

图 4-47　‘卡多’树形

图 4-48　'卡多'萌芽

图 4-49　'卡多'展叶

图 4-50 ‘卡多’雄花显露

图 4-51 ‘卡多’雌花

青皮非常厚，呈浅黄色，缝合线非常明显，其表面粗糙（图 4–52）。坚果长椭圆形，如橄榄球形状，两端为尖角，果实最大横截面为圆形（图 4–53）。果壳上的条纹与斑点较密集，颜色从淡红褐色到浅桃色，这是‘卡多’特有的性状。坚果平均单果质量 5.77 g，纵径 47.35 mm，横径 22.74 mm，果形指数 2.085；果壳薄，厚度 0.722 mm。平均含仁率 47.23%，种仁含油率 58.63%。种仁中不饱和脂肪酸含量为 385.16 mg/g，占总脂肪酸含量的 93.35%，其中单不饱和脂肪酸含量占比 47.67%，多不饱和脂肪酸含量占比 52.33%。种皮金黄色，种仁有浅背沟，且有宽而长的凸脊（图 4–53），非常易剥。坚果极容易去壳。‘卡多’种仁耐贮性非常好，对疮痂病有中等抵抗力，但对褐斑病、粉霉病以及真菌性叶枯病高度敏感。

图 4–52　‘卡多’成熟果实

图 4–53　‘卡多’坚果和种仁

七、斯图尔特（Stuart）

美国引进优良品种，实生选育品种。叶片深绿色，无光泽，复叶轴几乎笔直，而复叶轴上的小叶下垂（图 4–54）。一年生枝条皮孔数量多（图 4–55）。树形直立，从定植到结果慢，早期丰产性差，进入盛果期需要 15 年以上的时间。

雌先型。南京地区 4 月初萌芽（图 4–56），比‘波尼’晚 1 周左右，4 月下旬展叶（图 4–57）。雌花（图 4–58）可授期为 4 月底 5 月初，雄花的柔荑花序细长形（图 4–59），雄花散粉期为 5 月中旬。授粉品种为‘艾略特’和‘斯莱’。果实成熟期为 10 月下旬。

图 4–54 ‘斯图尔特’叶片

图 4–55 ‘斯图尔特’一年生枝条

图 4-56　‘斯图尔特’萌芽

图 4-57　‘斯图尔特’展叶

图 4-58 ‘斯图尔特’雌花

图 4-59 ‘斯图尔特’雄花

青皮表面粗糙暗沉，缝合线突出。青皮在即将开裂前变成黄绿色（图 4–60）。青皮厚，平均厚度 6.84 mm。青皮开裂时间参差不齐，采收时间跨度长。坚果长椭圆形，顶部钝角，底部圆形（图 4–61），最大横截面为圆形，外壳有深颜色条纹。坚果平均单果质量 7.50 g，纵径 40.32 mm，横径 24.23 mm，果形指数 1.665，果壳厚 0.952 mm。平均含仁率 44.26%，种仁含油率 67.03%。种仁中不饱和脂肪酸含量 428.43 mg/g，占总脂肪酸含量的 93.91%，其中单不饱和脂肪酸含量占比 62.75%，多不饱和脂肪酸含量占比 37.25%。种皮金黄色到浅褐色，种仁背沟宽而浅，次级背沟深，底部裂口明显（图 4–61）。该品种抗疮痂病，对绒斑病、黑色蚜虫以及红色蚜虫敏感；长势快，树势旺盛，是果材兼用林的理想品种。

图 4–60 ‘斯图尔特’成熟果实

图 4–61 ‘斯图尔特’坚果和种仁

八、艾略特（Elliott）

美国引进优良品种，实生选育。叶片较小，颜色深绿，有光泽，叶脉异常突出是‘艾略特’最突出的特征之一。复叶笔直，不下垂或下垂角度小，复叶轴上的小叶同样笔直，并且同一复叶上的小叶完全保持在同一水平面上（图 4–62）。一年生枝条皮孔数量少（图 4–63）。树冠开张，树冠的宽度与高度相近（图 4–64）。结果枝遍布整棵树。秋季叶片保留性好。

雌先型。南京地区 3 月底至 4 月初萌芽（图 4–65），4 月中下旬展叶（图 4–66）。雄花显露期早，雄花的柔荑花序细长形（图 4–67），散粉期为 5 月中下旬，雌花（图 4–68）可授期为 5 月上中旬。雌花可授期与雄花散粉期几乎无重叠，不能自花结实。最适宜授粉品种为‘波尼’‘维斯顿’‘维斯顿斯莱’。南京地区 10 月初果实成熟。

图 4–62　‘艾略特’叶片

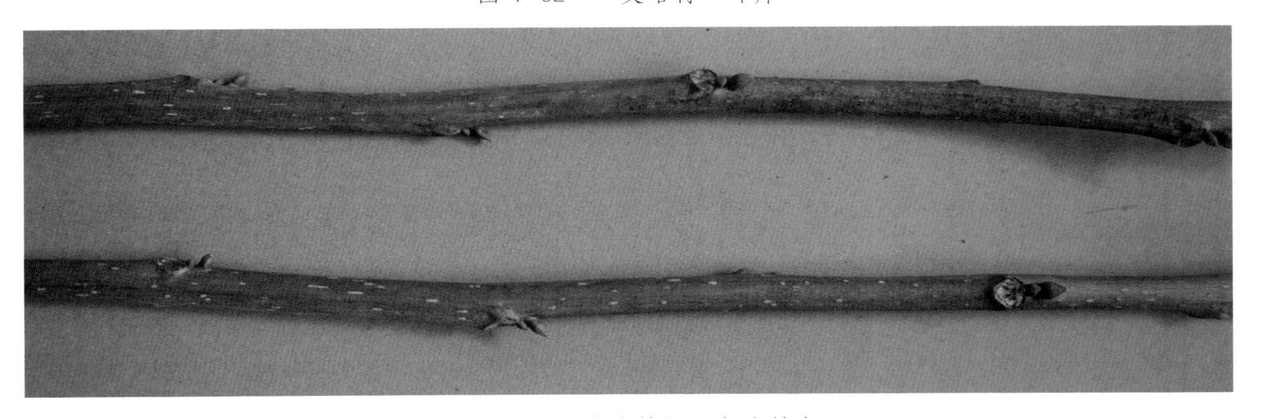

图 4–63　‘艾略特’一年生枝条

图 4-64　‘艾略特’树形

图 4-65　‘艾略特’萌芽

图 4-66　‘艾略特’展叶及雄花显露

图 4-67　‘艾略特’雄花

图 4-68 ‘艾略特’雌花

同一果穗和不同果穗间的青皮开裂时间整齐一致。青皮黄绿色（图 4–69），果皮厚，平均厚度 8.75 mm。坚果椭圆形，顶部呈锐角，底部圆形，最大横截面为圆形（图 4–70）。果壳表面光滑，底浅褐色，极少有条纹和斑点。壳上缝合线不突起，凸脊也不明显（图 4–70）。坚果平均单果质量 6.71 g，纵径 38.53 mm，横径 22.46 mm，果形指数 1.717；果壳较厚，厚度约 0.974 mm。平均含仁率 53.23%，种仁含油率 69.46%。种仁中不饱和脂肪酸含量为 323.46 mg/g，占总脂肪酸含量的 93.08%，其中单不饱和脂肪酸含量占比 71.75%，多不饱和脂肪酸含量占比 28.25%。种仁浅黄色或金黄色，背沟宽，底部裂口深（图 4–70）。该品种对疮痂病抗性强或免疫。对晚春严寒敏感，低温需冷量低，适宜在冬季温暖区域种植。

图 4–69　‘艾略特’成熟果实

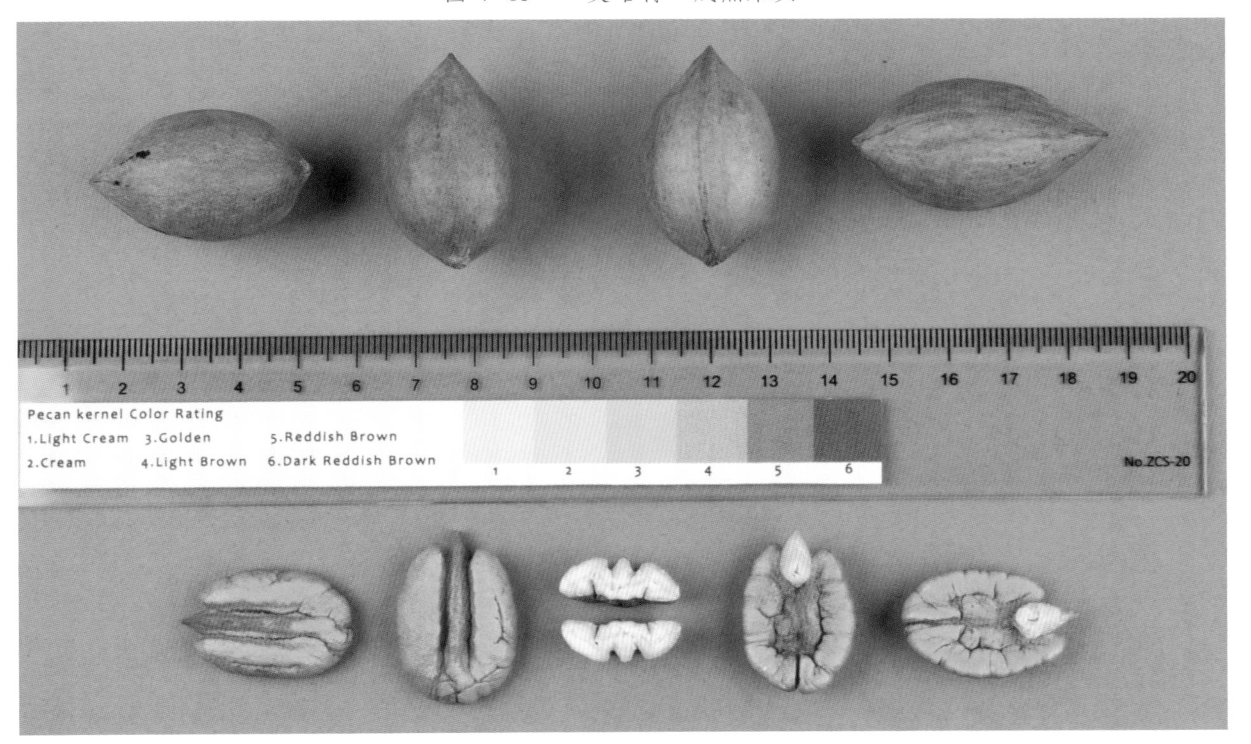

图 4–70　‘艾略特’坚果与种仁

九、巴顿（Barton）

美国引进优良品种，‘穆尔’×‘成功’杂交选育而成，1953 年发布。叶片绿色，复叶向下卷曲（图 4–71）。一年生枝条皮孔数量适中（图 4–72）。树冠较闭合（图 4–73）。

雄先型。南京地区 4 月上旬萌芽（图 4–74），晚于其他栽培品种，4 月中旬展叶且雄花显露（图 4–75），5 月初雌花显露，雄花散粉期为 5 月上旬，雌花（图 4–76）可授期为 5 月上中旬。雌花可授期和雄花散粉期部分相遇，可部分自花结实。早实丰产性好，嫁接第 3 年开始挂果，果实成熟期为 9 月下旬。

青皮黄绿色，果皮薄（图 4–77），平均厚度 3.10 mm。坚果椭圆形，顶部呈钝角，底部呈锐角（图 4–78），最大横截面为圆形。果壳表面光滑，颜色浅褐色到深淡褐色，具有略带红色的褐色斑纹，斑纹数量中等，底部有深颜色的缝合线（图 4–78）。坚果平均单果质量 6.53 g，纵径 40.74 mm，横径 23.28 mm，果形指数 1.751；果壳较厚，厚度约 0.974 mm。平均含仁率 53.89%，种仁含油率 70.49%。种仁中不饱和脂肪酸含量为 397.73 mg/g，占总脂肪酸含量的 93.37%，其中单不饱和脂肪酸含量占比 73.17%，多不饱和脂肪酸含量占比 26.83%。种皮金黄色，种仁异常饱满，有次级背沟及腹沟（图 4–78），易去壳，可获得较高比例的完整半粒种仁。该品种萌芽晚，果实成熟早，坚果大小中等，适合北方地区种植，抗疮痂病。

图 4–71　‘巴顿’叶片

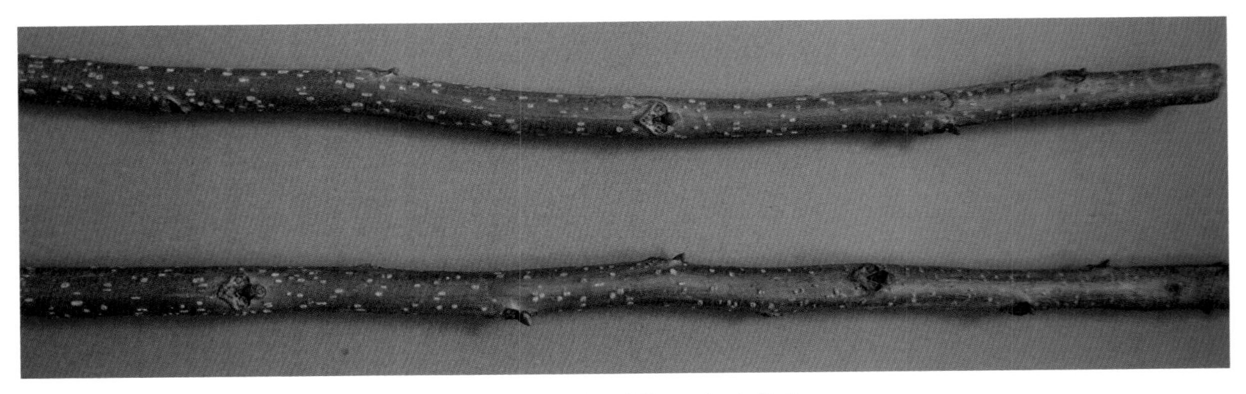

图 4–72　‘巴顿’一年生枝条

图 4-73　‘巴顿’树形

图 4-74　‘巴顿’萌芽

图 4-75　‘巴顿’展叶与雄花显露

图 4-76　‘巴顿’雌花

图 4-77 ‘巴顿’成熟果实

图 4-78 ‘巴顿’坚果与种仁

十、科尔比（Colby）

美国引进优良品种，1957年发布。叶片浅绿色，茎枝上具有明显的茸毛。小叶呈波浪状或卷曲状，小叶从复叶轴上向下卷曲或弯成杯状（图4-79）。一年生枝条皮孔数量较少（图4-80）。秋季的叶片保留性良好。树势旺盛（图4-81）。

雌先型。萌芽时间晚，南京地区3月底至4月初萌芽（图4-82），4月中下旬展叶（图4-83）。雌花可授期为5月上旬，雄花散粉期为5月中旬。果实成熟期不一致。

图4-79　‘科尔比’叶片

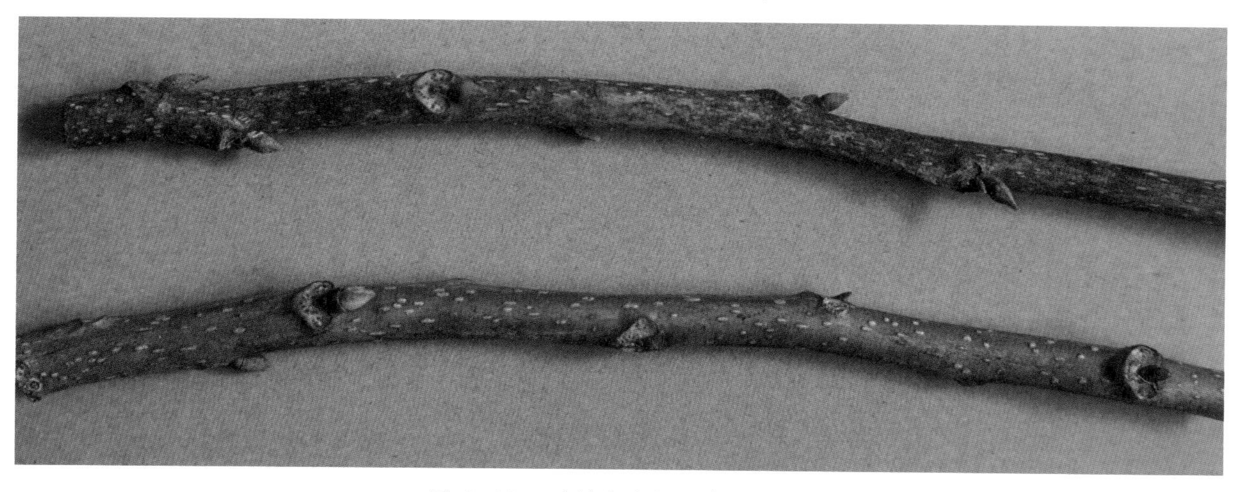

图4-80　‘科尔比’一年生枝条

图 4-81　‘科尔比’树形

图 4-82　‘科尔比’萌芽

青皮黄绿色，较薄，平均厚度 3.43 mm，缝合线显著突起（图 4-84）。坚果长椭圆形，果顶呈锐角或急尖状，底部呈圆形或钝角（图 4-85），最大横截面为圆形。果壳两半大小相等，表面光滑，底色微红，具有稀疏的深褐色斑纹，缝合线不突起，凸脊显著。坚果平均单果质量 6.09 g，纵径 43.98 mm，横径 20.32 mm，果形指数 2.164；果壳薄，厚度约 0.647 mm。平均含仁率 53.89%，种仁含油率 67.25%。种仁中不饱和脂肪酸含量为 377.45 mg/g，占总脂肪酸含量的 92.62%，其中单不饱和脂肪酸含量占比 59.68%，多不饱和脂肪酸含量占比 40.32%。种皮金黄色，种仁饱满(图 4-85)，完整性好，去壳容易。该品种对疮痂病的抗性高。

图 4-83　‘科尔比’展叶

图 4-84　‘科尔比’成熟果实

图 4-85　‘科尔比’坚果与种仁

十一、肖肖尼（Shoshoni）

美国引进优良品种，‘奥多姆’×‘埃弗斯’杂交选育而成，1972年发布。叶片深绿色，有光泽，复叶和小叶向下弯曲程度小（图4–86）。一年生枝条皮孔数量中等（图4–87）。树势旺盛。

雌先型。南京地区3月下旬萌芽（图4–88），4月中旬展叶（图4–89）。雌花可授期为4月底，雄花散粉期为5月上旬。授粉品种为‘维斯顿斯莱’‘切尼’。果实成熟期为10月上旬。

青皮表面平滑，绿色，厚度约4.51 mm，缝合线显著突起（图4–90）。坚果短椭圆形（图4–91），果基为不对称圆形，果顶呈不对称钝形到钝形，最大横截面为圆形。壳上缝合线突起，凸脊明显。果壳表面平滑，底色浅到中褐色，具有稀疏的略带红色到黑色的褐色条纹与斑点。坚果平均单果质量5.99 g，纵径37.54 mm，横径24.29 mm，果形指数1.546；果壳薄，厚度约0.654 mm。平均含仁率55.75%，种仁含油率63.98%。种仁中不饱和脂肪酸含量为343.84 mg/g，占总脂肪酸含量的94.01%，其中单不饱和脂肪酸含量占比67.81%，多不饱和脂肪酸含量占比32.19%。种仁饱满，金黄色（图4–91），腹面通常凹陷。

图4–86　‘肖肖尼’叶片

图4–87　‘肖肖尼’一年生枝条

图4–88　‘肖肖尼’萌芽

图 4-89　‘肖肖尼’展叶

图 4-90 ‘肖肖尼’成熟果实

图 4-91 ‘肖肖尼’坚果与种仁

十二、德西拉布（Disirable）

美国引进优良品种，杂交选育而成，亲本不详，1930年发布。主芽非常饱满，圆而突起。复叶大，小叶向下弯曲，叶片浅绿色到深绿色（图4-92）。树冠开张。

雄先型。南京地区3月底萌芽（图4-93），4月中旬展叶（图4-94）。雄花显露期为4月中旬，雄花散粉期为4月底至5月初，雌花可授期为5月初。雌花可授期与雄花散粉期相遇时间相对较长，可自花结实。授粉品种为‘艾略特’和‘开普费尔’。果实成熟期为10月中旬。

图4-92 ‘德西拉布’叶片

图4-93 ‘德西拉布’萌芽

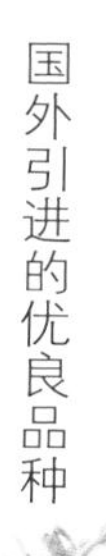

图 4-94　‘德西拉布’展叶

青皮有光泽且卷曲。坚果长椭圆形，顶部呈钝形，底部呈钝形到圆形（图 4-95）。坚果最大横截面为圆形，外壳粗糙，有突起的缝合线。外壳底色为浅褐色，略带黑褐色，表面条纹稀疏。坚果个大，平均单果质量 9.34 g，纵径 47.30 mm，横径 25.24 mm，果形指数 1.876；果壳薄，厚度约 0.672 mm。平均含仁率 56.19%，种仁含油率 70.66%。种仁中不饱和脂肪酸含量为 428.19 mg/g，占总脂肪酸含量的 93.23%，其中单不饱和脂肪酸含量占比 71.34%，多不饱和脂肪酸含量占比 28.66%。种皮金黄色，种仁有宽背沟（图 4-95），易去壳，完整性好。该品种易感染疮痂病。

图 4-95 ‘德西拉布’坚果与种仁

十三、斯莱（Schley）

美国引进优良品种，实生选育。叶片有光泽，绿色，复叶顶端向下弯曲，小叶平直（图 4–96）。一年生枝条皮孔数量适中（图 4–97）。树冠开张（图 4–98），早实丰产。

雌先型。南京地区 3 月底萌芽（图 4–99），4 月中旬展叶（图 4–100）。雄花散粉期及雌花可授期时间适中。授粉品种为‘开普费尔’‘德西拉布’。果实成熟期为 10 月中旬。

图 4–96　‘斯莱’叶片

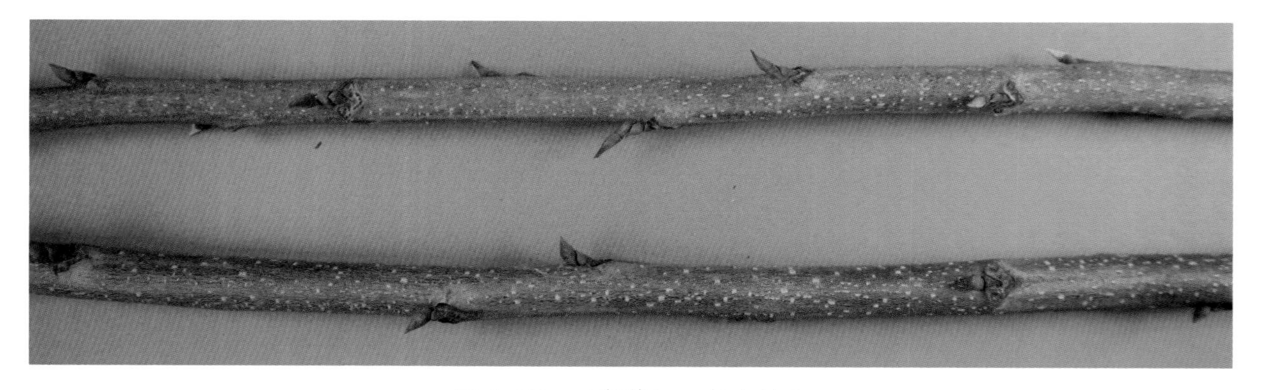

图 4–97　‘斯莱’一年生枝条

图 4-98　‘斯莱’树形

图 4-99　‘斯莱’萌芽

图 4-100 ‘斯莱’展叶

坚果长椭圆形，果基短尖角，果顶大多数呈急尖状。果壳表面红褐色，有数量中等的狭长条纹以及细微的圆点，壳上缝合线不突起，凸脊也不明显（图 4–101）。坚果平均单果质量 7.38 g，纵径 43.73 mm，横径 21.80 mm，果形指数 2.010；果壳薄，厚度约 0.648 mm。平均含仁率 56.57%，种仁含油率 68.15%。种仁中不饱和脂肪酸含量为 376.77 mg/g，占总脂肪酸含量的 93.64%，其中单不饱和脂肪酸含量占比 69.76%，多不饱和脂肪酸含量占比 30.24%。种皮金黄色，种仁有狭窄的背沟（图 4–101）。长期以来，该品种的坚果被认为是美国山核桃坚果品质的标准。该品种对疮痂病、黑色蚜虫敏感。

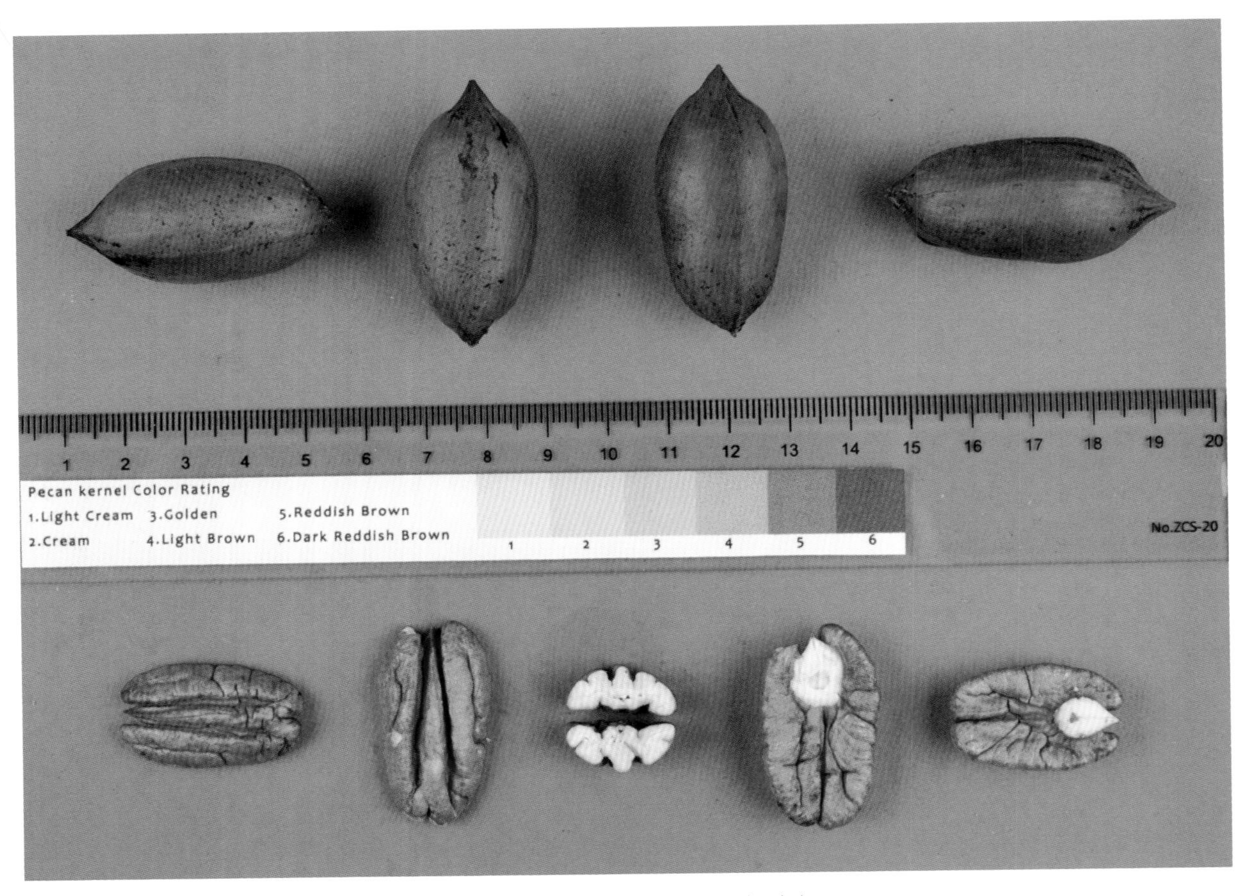

图 4–101 ‘斯莱’坚果与种仁

十四、维斯顿斯莱（Western Scheley）

美国引进优良品种，实生选育。树叶颜色异常深绿，有光泽，小叶有很多波纹或异常卷曲。叶轴的末梢向上弯曲，背部下凹（图 4–102）。一年生枝条皮孔数量较多（图 4–103）。树势旺盛，分枝角度小（图 4–104）。

雄先型。南京地区 3 月底萌芽（图 4–105），4 月中旬雄花显露（图 4–106），先于展叶，4 月下旬展叶（图 4–107）。雄花散粉（图 4–108）期为 5 月上中旬，雌花（图 4–109）可授期为 5 月上中旬。雄花散粉期与雌花可授期有较长的相遇期，可自花结实。果实成熟期为 10 月中下旬。

图 4–102　‘维斯顿斯莱’叶片

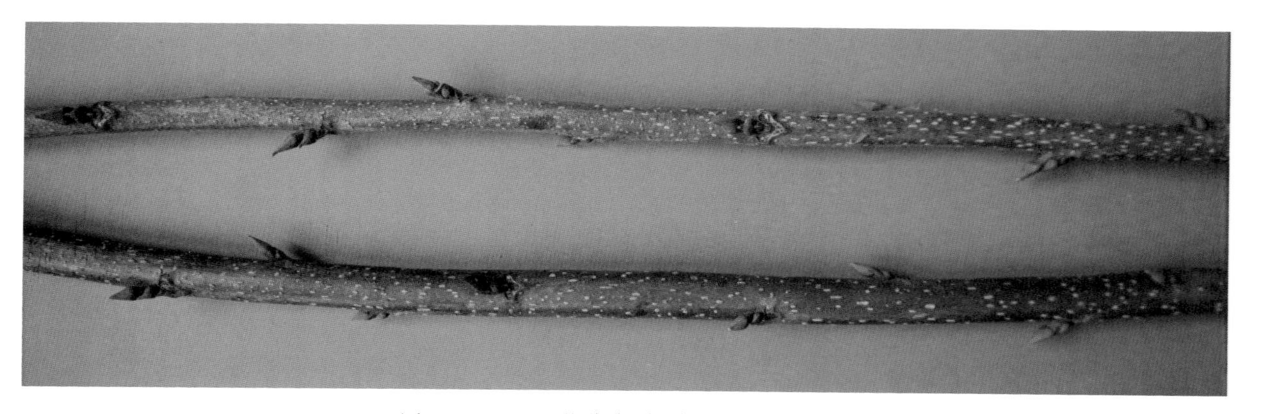

图 4–103　‘维斯顿斯莱’一年生枝条

图 4-104 ‘维斯顿斯莱’树形

图 4-105　‘维斯顿斯莱’萌芽

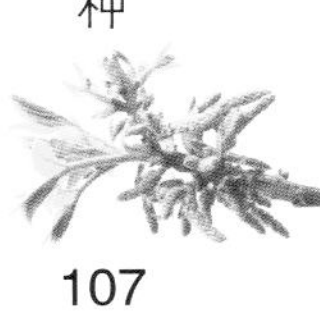

图 4-106　‘维斯顿斯莱’雄花显露

图 4-107　‘维斯顿斯莱’展叶

图 4-108　‘维斯顿斯莱’雄花散粉

图 4-109　‘维斯顿斯莱’雌花

青皮较厚，约 4.06 mm，缝合线明显（图 4–110）。坚果长椭圆形，底部为钝形，有时呈不对称钝形（图 4–111），果顶呈不对称的急尖状。坚果最大横截面为扁圆形（横侧比为 1.06 ： 1）。果壳表面较粗糙，具有棕色到黑丝条形斑纹，斑点少，缝合线明显。坚果个大，平均单果质量 9.26 g，纵径 49.77 mm，横径 24.99 mm，果形指数 1.994；果壳薄，厚度约 0.638 mm。平均含仁率 54.14%，种仁含油率 63.75%。种仁中不饱和脂肪酸含量为 411.38 mg/g，占总脂肪酸含量的 93.11%，其中单不饱和脂肪酸含量占比 67.66%，多不饱和脂肪酸含量占比 32.34%。种皮金黄色，种仁有狭窄的背沟（图 4–111）。该品种对疮痂病敏感。

图 4–110　‘维斯顿斯莱’成熟果实

图 4–111　‘维斯顿斯莱’坚果与种仁

十五、艾尔玛特（El Mart）

美国引进优良品种，实生选育，母本为‘马罕’，父本不详。叶片深绿色，复叶平直不弯曲，小叶向下卷曲（图 4–112）。一年生枝条皮孔数量较多（图 4–113）。树冠闭合（图 4–114）。

雌先型。南京地区 3 月底萌芽（图 4–115），4 月中旬展叶（图 4–116）。雌花可授期为 5 月上旬，雄花散粉期为 5 月中旬。果实成熟期为 10 月上中旬。

图 4–112　‘艾尔玛特’叶片

图 4–113　‘艾尔玛特’一年生枝条

图 4–114 ‘艾尔玛特’树形

图 4-115 ‘艾尔玛特’萌芽

图 4-116 ‘艾尔玛特’展叶

青皮黄绿色，表面光滑（图 4-117），果皮较厚，厚度约 5.42 mm。坚果长形，顶部呈钝角，底部呈锐角，最大横截面为圆形（图 4-118）。果壳表面黑色条纹中等。坚果个大，平均单果质量 10.62 g，纵径 50.11 mm，横径 24.28 mm，果形指数 2.065；果壳薄，厚度约 0.695 mm。平均含仁率 59.12%，种仁含油率 69.87%。种仁中不饱和脂肪酸含量为 413.45 mg/g，占总脂肪酸含量的 93.71%，其中单不饱和脂肪酸含量占比 73.64%，多不饱和脂肪酸含量占比 26.36%。种皮金黄色，种仁饱满，背部有三角形的宽凸脊，背沟为相对展开型，底部裂口及腹沟明显（图 4-118）。易去壳，种仁完整性好。该品种易感染疮痂病。

图 4-117　‘艾尔玛特’成熟果实

图 4-118　‘艾尔玛特’坚果与种仁

十六、梅尔罗斯（Melrose）

美国引进优良品种，实生选育，1979年发布。叶片深绿色，复叶向下平直，叶梢略微向下弯曲，小叶向内卷曲（图4–119）。一年生枝条皮孔数量适中（图4–120）。树形直立，树冠狭窄，适于密植，树势旺盛。秋季叶片保留性好。

雌先型。南京地区3月底萌芽，4月下旬展叶（图4–121）。雄花初现期为4月中下旬，雌花初现期为5月初，雌花（图4–122）可授期为5月上中旬，雄花（图4–123）散粉期为5月中下旬。授粉品种为‘德西拉布’。嫁接树3年即可挂果，早实丰产性好。南京地区果实成熟期为10月下旬。

图4–119　‘梅尔罗斯’叶片

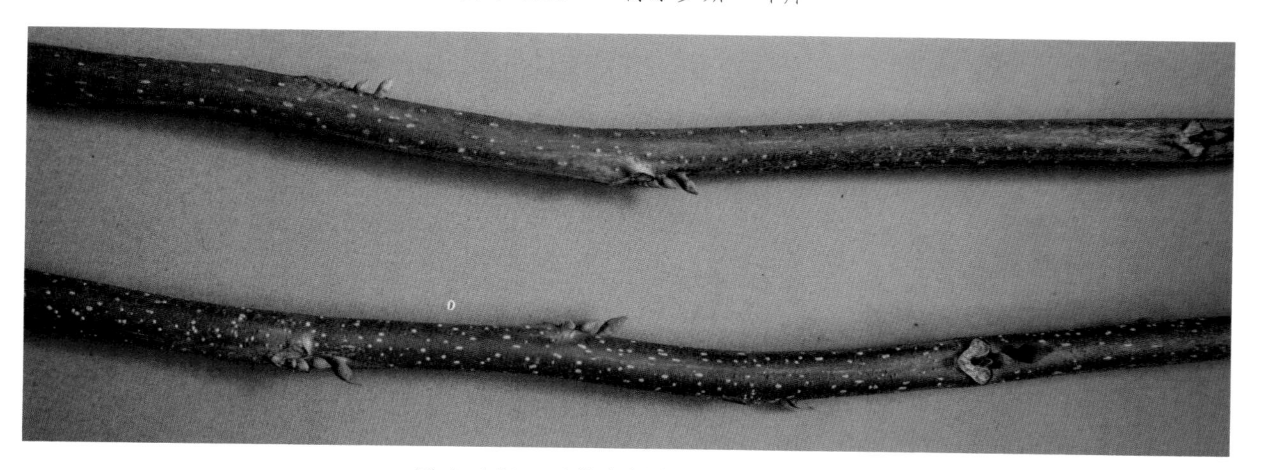

图4–120　‘梅尔罗斯’一年生枝条

图 4-121 ‘梅尔罗斯’展叶

图 4-122 ‘梅尔罗斯’雌花

图 4-123 ‘梅尔罗斯’雄花

青皮青绿色，平均厚度 7.92 mm，缝合线显著突起（图 4–124）。坚果长椭圆形，两端呈锐角，最大横截面为圆形。果壳表面光滑（图 4–125），底色为极浅褐色到中褐色，具少量紫黑色到黑色的斑纹。部分坚果表面缝合线稍有突起，凸脊显著。坚果个大，平均单果质量 7.50 g，纵径 48.91 mm，横径 21.50 mm，果形指数 2.276；果壳薄，厚度约 0.617 mm。平均含仁率 56.00%，种仁含油率 67.17%。种仁中不饱和脂肪酸含量为 407.26 mg/g，占总脂肪酸含量的 93.64%，其中单不饱和脂肪酸含量占比 65.89%，多不饱和脂肪酸含量占比 34.11%。种皮金黄色到浅褐色，种仁饱满，背沟宽（图 4–125）。该品种抗虫性、抗病性好。

图 4–124　‘梅尔罗斯’成熟果实

图 4–125　‘梅尔罗斯’坚果与种仁

十七、成功（Success）

美国引进优良品种，实生选育，1903 年发布。复叶沿着茎枝弯曲或下垂，小叶沿着茎枝上的复叶呈下垂状，叶片中绿色（图 4–126）。一年生枝条皮孔数量适中（图 4–127），树木宽度大于高度，使树体显矮宽状。树势旺盛（图 4–128）。已经被广泛应用于薄壳山核桃育种开发，‘波尼’‘莫汉克’‘巴顿’等优良品种是其后代。

雄先型。南京地区 3 月底萌芽（图 4–129），比‘波尼’晚 5 天左右，4 月中旬雄花显露（图 4–130），4 月下旬展叶（图 4–131）。雄花的柔荑花序短而粗（图 4–132），雄花散粉期为 5 月上旬，雌花可授期为 5 月上中旬。雌花可授期与雄花散粉期的重叠时间长，可自花结实。果实成熟期为 10 月底至 11 月初，晚熟品种。

图 4–126　‘成功’叶片

图 4–127　‘成功’一年生枝条

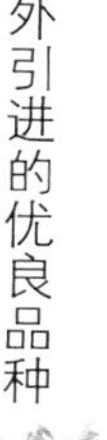

图 4-128 ‘成功’树形

图 4-129 ‘成功’萌芽

图 4-130 ‘成功’雄花显露

图 4-131　‘成功’展叶

图 4-132　‘成功’雄花

青皮浅黄色，薄，平均厚度 4.72 mm（图 4-133），坚果成熟时裂口大。坚果椭圆形，顶部呈不对称钝角，底部呈钝角到圆，最大横截面为圆形，外壳顶部有深颜色条纹（图 4-134）。坚果个大，平均单果质量 8.23 g，纵径 41.78 mm，横径 25.43 mm，果形指数 1.645；果壳厚，厚度约 0.801 mm。平均含仁率 49.81%，种仁含油率 66.82%。种仁中不饱和脂肪酸含量为 354.36 mg/g，占总脂肪酸含量的 93.49%，其中单不饱和脂肪酸含量占比 68.69%，多不饱和脂肪酸含量占比 31.31%。种皮金黄色到浅褐色，种仁背沟宽而浅，腹沟明显，次级腹沟宽（图 4-134）。该品种对疮痂病高度敏感。

图 4-133　'成功'成熟果实

图 4-134　'成功'坚果与种仁

十八、奥克尼（Oconee）

美国引进优良品种，‘斯莱’×‘巴顿’杂交选育而成，1990年发布。叶片浅绿色，小叶向下卷曲（图4-135）。一年生枝条皮孔数量少（图4-136）。树冠闭合，树势旺盛（图4-137）。

雄先型。南京地区3月底萌芽（图4-138），4月初雄花显露（图4-139），4月下旬展叶（图4-140）。雄花散粉期为4月底至5月上旬，雌花（图4-141）可授期为5月中下旬。果实成熟期为10月中旬。

图4-135 ‘奥克尼’叶片

图4-136 ‘奥克尼’一年生枝条

图 4-137　‘奥克尼’树形

图 4-138 ‘奥克尼’萌芽

图 4-139 ‘奥克尼’雄花显露

图 4-140　‘奥克尼’展叶

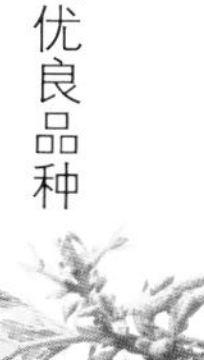

青皮绿色，缝合线显著突起（图 4-142），底部厚，顶部相对较薄，中部平均厚度 4.63 mm。坚果长椭圆形，两端钝，最大横截面为圆形。果壳底色为中褐色，具略带褐色的黑色斑纹，条纹和斑点数量少，缝合线不突起，凸脊明显（图 4-143）。坚果个大，平均单果质量 9.57 g，纵径 46.43 mm，横径 24.88 mm，果形指数 1.867；果壳厚，厚度约 0.74 mm。平均含仁率 51.19%，种仁含油率 70.29%。种仁中不饱和脂肪酸含量为 458.19 mg/g，占总脂肪酸含量的 92.98%，其中单不饱和脂肪酸含量占比 72.28%，多不饱和脂肪酸含量占比 28.72%。种皮金黄色，种仁饱满（图 4-143）。该品种对疮痂病免疫，果实较易受桃蛀螟危害。

图 4-141　‘奥克尼’雌花

图 4-142　‘奥克尼’成熟果实

图 4-143　‘奥克尼’坚果与种仁

十九、财神（Moneymaker）

美国引进优良品种，实生选育。叶片深绿色，复叶长而直，复叶中的小叶面积大（图 4-144）。一年生枝条皮孔数量少（图 4-145）。树势旺盛，树冠开张。

雌先型。南京地区 3 月底萌芽（图 4-146），4 月下旬展叶（图 4-147），4 月中旬雄花显露。雄花散粉期为 5 月上中旬，雌花可授期为 5 月上旬。果实成熟期为 10 月中旬。

图 4-144 ‘财神’叶片

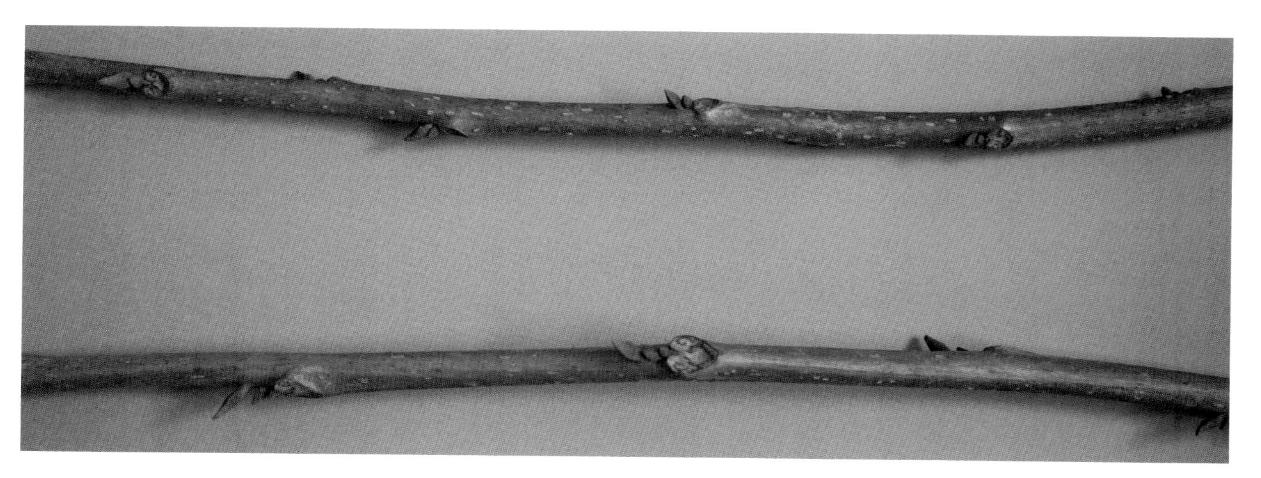

图 4-145 ‘财神’一年生枝条

图 4-146　‘财神’萌芽

图 4-147　‘财神’展叶

青皮较厚，厚度约6.06 mm，颜色较浅，缝合线明显（图4–148）。坚果外形呈卵形，基部圆形，顶部为钝形到不对称钝形（图4–149），最大横截面为圆形。果壳表面光滑，缝合线不突起，且有凸脊，但是非常细微，底色为非常浅的褐色，具有略带紫色的黑色到纯黑色斑纹。坚果平均单果质量5.31 g，果形中偏小，纵径34.62 mm，横径20.48 mm，果形指数1.691，果壳厚度约0.757 mm。平均含仁率48.64%，种仁含油率66.44%。种仁中不饱和脂肪酸含量412.50 mg/g，占总脂肪酸含量的93.73%，其中单不饱和脂肪酸含量占比68.25%，多不饱和脂肪酸含量占比31.75%。种皮金黄色，种仁饱满，完整性好，去壳容易（图4–149）。该品种对疮痂病有良好的抗性，抗桃蛀螟。

图4–148 ‘财神’成熟果实

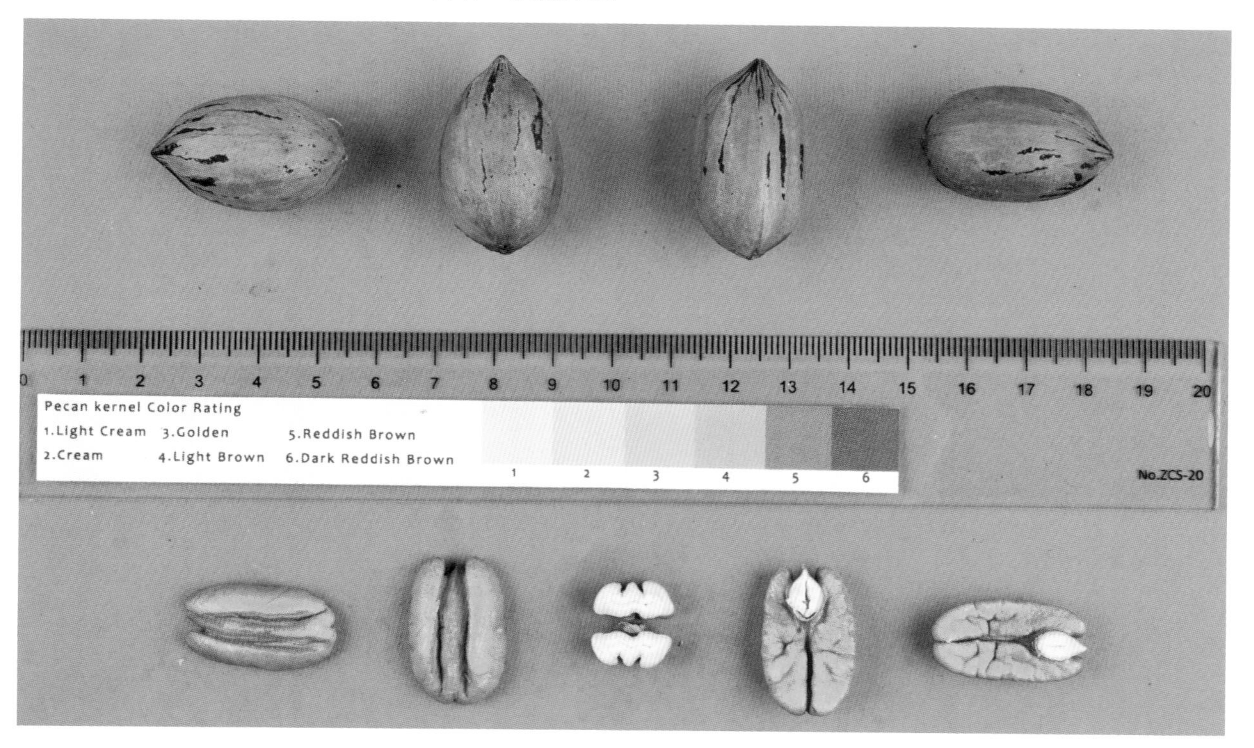

图4–149 ‘财神’坚果与种仁

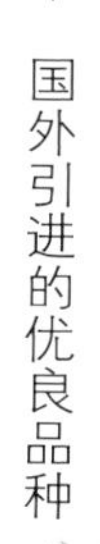

二十、拿卡诺（Nacono）

美国引进优良品种，‘切尼’×‘西奥克斯’杂交选育而成，2000年发布。叶片深绿色，复叶平直不弯曲，个别复叶底部向上，小叶大，略微向下弯曲（图4–150）。一年生枝条芽体饱满，皮孔数量少（图4–151）。树形闭合（图4–152）。

雌先型。南京地区3月下旬萌芽，4月中旬展叶。散粉晚，雌花可授期时间早到适中。果实成熟期为10月中旬。

图4–150 ‘拿卡诺’叶片

图4–151 ‘拿卡诺’一年生枝条

图 4-152 ‘拿卡诺’树形

青皮青绿色，无斑点，有光泽（图 4–153），厚度约 6.28 mm。坚果长椭圆形，顶部呈锐角，底部尖，最大横截面为圆形。果壳表面为有光泽的青绿色（图 4–154）。坚果平均单果质量 7.10 g，果形中偏大，纵径 50.38 mm，横径 23.29 mm，果形指数 2.163，果壳厚度约 0.665 mm。平均含仁率 57.61%，种仁含油率 66.63%。种仁中不饱和脂肪酸含量为 385.67 mg/g，占总脂肪酸含量的 94.23%，其中单不饱和脂肪酸含量占比 63.43%，多不饱和脂肪酸含量占比 36.57%。种皮乳黄色到金黄色，种仁背沟浅，背脊圆（图 4–154）。易取整仁，外表美观。该品种抗疮痂病。

图 4–153 ‘拿卡诺’成熟果实

图 4–154 ‘拿卡诺’坚果与种仁

二十一、德沃尔（Devore）

美国引进优良品种，实生选育，1978 年发布。叶片深绿色，复叶笔直，不下垂，甚至顶部向上翘起。复叶轴上的小叶同样笔直，并且同一复叶上的小叶完全保持在同一水平面上（图 4–155）。树冠密闭（图 4–156）。

雌先型。南京地区 4 月初萌芽（图 4–157），晚于多数其他品种。4 月中旬雄花显露（图 4–158），雄花发育与展叶同时进行，4 月下旬展叶（图 4–159）。5 月初雌花显露，雌花（图 4–160）可授期为 5 月上旬。雄花的柔荑花序细而长（图 4–159），雄花散粉期为 5 月中旬。果实成熟期为 9 月中旬。可以作为北方型品种栽培。

青皮厚，厚度约 6.31 mm，黄绿色，有光泽（图 4–161）。坚果长椭圆形，顶部呈钝角，底部呈锐角，最大横截面为椭圆形（图 4–162）。坚果平均单果质量 5.05 g，纵径 39.13 mm，横径 19.65 mm，果形指数 1.992；果壳薄，厚度约 0.733 mm。平均含仁率 49.16%，种仁含油率 70.64%。种仁中不饱和脂肪酸含量为 392.05 mg/g，占总脂肪酸含量的 93.55%，其中单不饱和脂肪酸含量占比 75.72%，多不饱和脂肪酸含量占比 24.28%。种皮金黄色，种仁较饱满，有狭窄的背沟，底部有深裂口（图 4–162）。

图 4–155 ‘德沃尔’叶片

图 4-156 ‘德沃尔’树形

图 4-157 ‘德沃尔’萌芽

图 4-158 ‘德沃尔’雄花显露

图 4-159　‘德沃尔’展叶与雄花

图 4-160　‘德沃尔’雌花

图 4-161 ‘德沃尔’成熟果实

图 4-162 ‘德沃尔’坚果与种仁

二十二、萨婆（Sauber）

美国引进优良品种。叶片浅绿色，复叶和小叶下垂（图 4–163）。一年生枝条皮孔数量少（图 4–164）。

雌先型。南京地区 3 月底至 4 月初萌芽（图 4–165），4 月中旬展叶（图 4–166）。雄花的柔荑花序细而长（图 4–167），雌花（图 4–168）可授期为 4 月底至 5 月初，雄花散粉期为 5 月中旬。果实成熟期为 9 月中旬。

青皮黄绿色，皱缩，不光滑，缝合线明显（图 4–169）。青皮厚，平均厚度约 6.81 mm。坚果长椭圆形，顶部与底部均为锐角，顶部比底部尖。坚果外壳缝合线明显，颜色棕色到黑色，条形斑纹少（图 4–170）。坚果平均单果质量 5.12 g，纵径 44.87 mm，横径 18.47 mm，果形指数 2.431；果壳厚，厚度约 0.976 mm。平均含仁率 48.91%，种仁含油率 68.34%。种仁中不饱和脂肪酸含量为 396.96 mg/g，占总脂肪酸含量的 94.16%，其中单不饱和脂肪酸含量占比 78.24%，多不饱和脂肪酸含量占比 21.76%。种皮浅棕色到中度棕色，种仁较饱满（图 4–170），去壳较容易。

图 4–163　‘萨婆’叶片

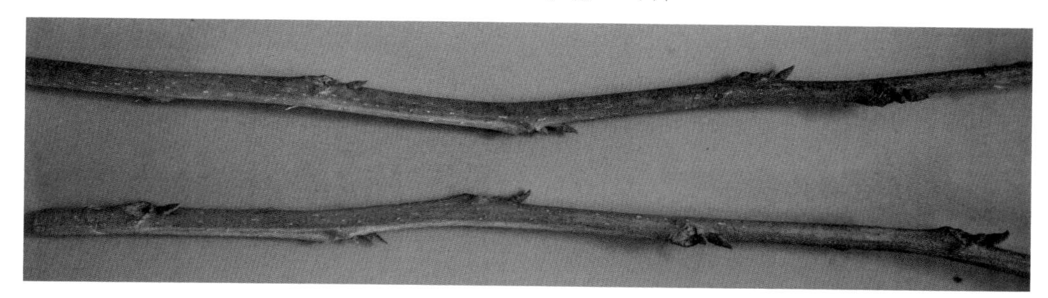

图 4–164　‘萨婆’一年生枝条

图 4-165　‘萨婆’萌芽

图 4-166　‘萨婆’展叶

图 4-167　‘萨婆’雄花

图 4-168 ‘萨婆’雌花

图 4-169　‘萨婆’成熟果实

图 4-170　‘萨婆’坚果与种仁

二十三、杰克逊（Jackson）

美国引进优良品种，‘成功’×‘斯莱’杂交选育而成，1917年发布。叶片绿色，复叶和小叶向下卷曲（图4–171）。一年生枝条皮孔数量较少（图4–172）。树冠开张，长势旺盛（图4–173）。

雄先型。南京地区3月底萌芽（图4–174），4月中旬雄花显露，4月下旬展叶（图4–175）。5月初雌花显露。雄花的柔荑花序短而粗（图4–176），雄花散粉期为6月上旬，雌花（图4–177）可授期为5月中下旬。果实成熟期为10月底至11月初，晚熟品种。

图4–171 ‘杰克逊’叶片

图4–172 ‘杰克逊’一年生枝条

图 4-173　‘杰克逊’树形

图 4-174 ‘杰克逊’萌芽

图 4-175 ‘杰克逊’展叶与雄花显露

图 4-176 ‘杰克逊’雄花

青皮中厚，厚度约 5.27 mm，绿色，有光泽，果皮有沟壑，不光滑，缝合线明显（图 4–178）。坚果椭圆形，顶部呈钝角（几乎成为平面），底部圆形，顶部有明显的深颜色斑纹，最大横截面为圆形（图 4–179）。坚果体积大，采收时最大单果质量可达到 18.56 g，平均单果质量 9.54 g，纵径 43.16 mm，横径 26.29 mm，果形指数 1.642；果壳厚，厚度约 0.964 mm。平均含仁率 50.57%，种仁含油率 67.81%。种仁中不饱和脂肪酸含量为 429.11 mg/g，占总脂肪酸含量的 93.30%，其中单不饱和脂肪酸含量占比 64.65%，多不饱和脂肪酸含量占比 35.35%。种皮浅黄色、奶黄色到金黄色，种仁饱满，背沟宽，次级背沟深，底部裂口深，种仁和分心木完整性好（图 4–179）。该品种对疮痂病有一定程度的抗性。

图 4–177　‘杰克逊’雌花

图 4–178　‘杰克逊’成熟果实

图 4–179　‘杰克逊’坚果与种仁

二十四、奥多姆（Odom）

美国引进优良品种，实生选育，1923 年发布。叶片浅绿色，复叶和小叶向下卷曲（图 4-180）。一年生枝条芽体饱满，皮孔数量较多（图 4-181）。

雄先型。南京地区 4 月初萌芽（图 4-182），萌芽时间较晚，比‘巴顿’早 2~3 天，4 月下旬展叶（图 4-183）。雄花的柔荑花序短而粗（图 4-184），雄花散粉期为 5 月上中旬，雌花可授期为 5 月中下旬。果实成熟期为 10 月中旬。

图 4-180　‘奥多姆’叶片

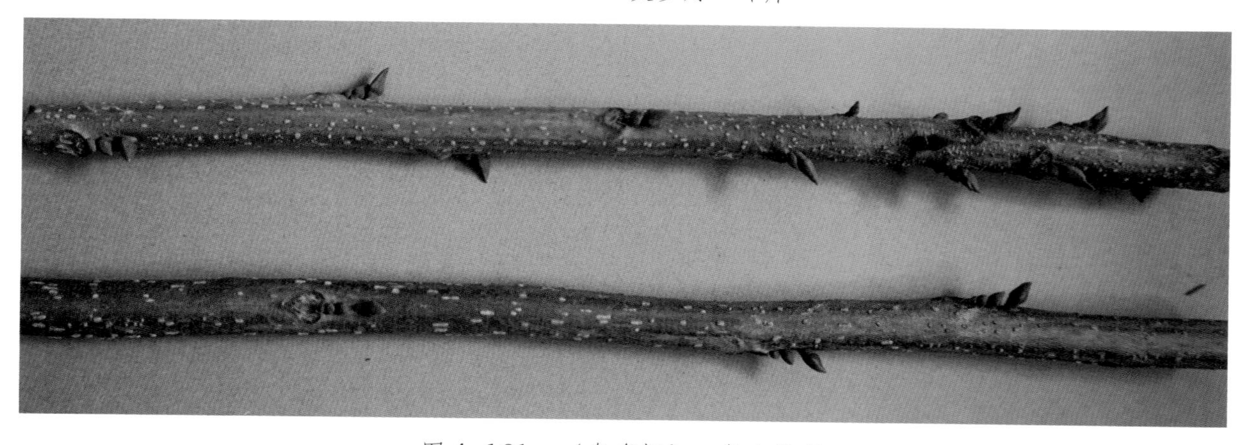

图 4-181　‘奥多姆’一年生枝条

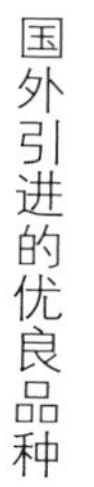

图 4-182　‘奥多姆’萌芽

果实几乎呈圆形，青皮厚，厚度约 7.02 mm，表面黄绿色，有沟壑，缝合线显著突起（图 4–185）。坚果椭圆形，顶部呈钝角，常不对称，底部圆形（图 4–186），最大横截面为圆形。果壳表面光滑，几乎无深颜色斑纹（图 4–186）。坚果平均单果质量 7.95 g，纵径 38.18 mm，横径 24.38 mm，果形指数 1.569；果壳厚，厚度约 1.038 mm。平均含仁率 43.93%，种仁含油率 66.43%。种仁中不饱和脂肪酸含量为 401.62 mg/g，占总脂肪酸含量的 93.09%，其中单不饱和脂肪酸含量占比 54.32%，多不饱和脂肪酸含量占比 45.68%。种皮乳黄色到金黄色，种仁背沟宽，底部裂口宽且深（图 4–186），有罕见的由夹带的物质形成的“内壳”，难获得完整性种仁。该品种易感染疮痂病。

图 4–183　‘奥多姆’展叶

图 4-184　‘奥多姆’雄花

图 4-185　‘奥多姆’成熟果实

图 4-186　‘奥多姆’坚果与种仁

二十五、契可特（Choctaw）

美国引进优良品种，‘成功’×‘马罕’杂交选育而成，1959年发布。叶片中绿色。复叶大，有光泽；小叶弯曲或从复叶轴上向下弯成杯形，近端处反折（图4–187）。一年生枝条皮孔数量多（图4–188）。树势旺盛，树冠开张（图4–189）。

雌先型。南京地区4月初萌芽（图4–190），晚于大多数品种，4月下旬展叶（图4–191）。雄花散粉期为5月中下旬，雌花可授粉期为5月上中旬，授粉品种为‘德西拉布’‘艾略特’‘巴顿’。果实成熟期为10月下旬。

图4–187　‘契可特’叶片

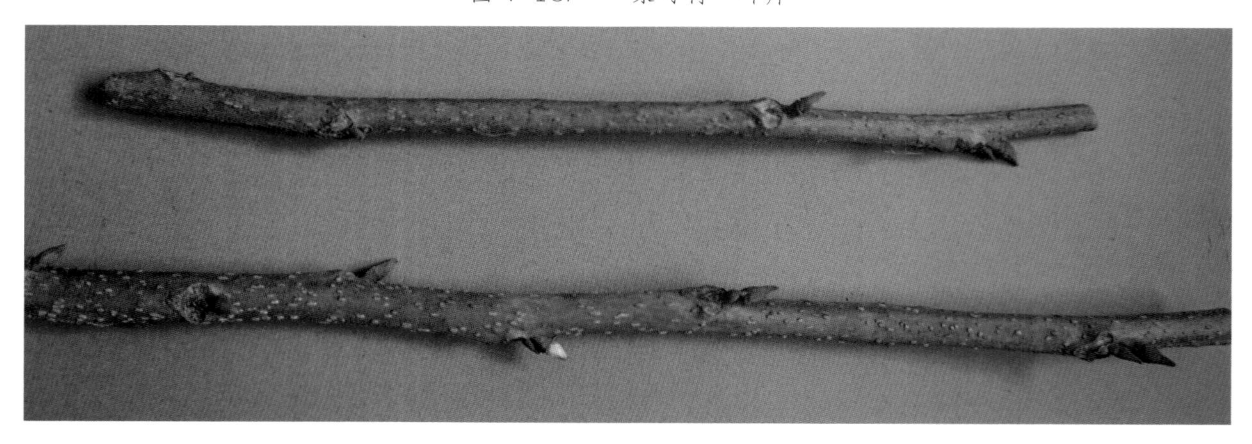

图4–188　‘契可特’一年生枝条

图 4-189 ‘絜可特’树形

图 4-190 ‘絮可特’萌芽

图 4-191 ‘絮可特’展叶

青皮薄（图 4–192），厚度 4.79 mm，成熟时均匀地裂开，且裂口大。坚果长椭圆形，顶部呈钝角，底部呈钝角，最大横截面为圆形。果壳表面有不明显的缝合线，具棕色到黑色条形斑纹，斑点适中（图 4–193）。坚果个大，平均单果质量 10.28 g，纵径 48.26 mm，横径 25.56 mm，果形指数 1.887；果壳较厚，厚度约 1.032 mm。平均含仁率 46.56%，种仁含油率 67.55%。种仁中不饱和脂肪酸含量为 411.63 mg/g，占总脂肪酸含量的 93.33%，其中单不饱和脂肪酸含量占比 59.69%，多不饱和脂肪酸含量占比 40.31%。种皮乳黄色到金黄色，带有深颜色的纹理，种仁饱满，去壳容易，完整性好，背沟宽而浅（图 4–193）。坚果个大，抗病和抗虫性好（抗疮痂病，抗桃蛀螟），可以作为预备推广的品种之一。

图 4–192　‘絜可特’成熟果实

图 4–193　‘絜可特’坚果与种仁

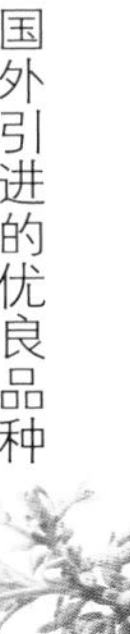

二十六、福克特（Forkert）

美国引进优良品种，‘成功’×‘斯莱’杂交选育而成。叶大，具光泽，且中深绿色。复叶平直，小叶下垂呈杯状（图 4–194）。一年生枝条皮孔数量较少（图 4–195）。树势非常旺盛（图 4–196），茎枝生长粗壮。幼枝的枝皮具茸毛。

雌先型。南京地区萌芽迟，4 月初萌芽（图 4–197），4 月下旬展叶，雄花显露（图 4–198）。雌花（图 4–199）可授期为 5 月上中旬，雄花的柔荑花序细而长（图 4–200），雄花散粉期为 5 月中下旬，授粉品种为‘艾略特’‘杰克逊’。果实成熟期为 10 月上中旬，早中熟品种。

青皮较厚，厚度约 6.67 mm，表面黄绿色，沟壑明显，顶部缝合线略有突起，底部无突起（图 4–201）。坚果长椭圆形，果基呈急尖状，果顶急尖到不对称急尖。果顶在沿着缝合线处凹陷。坚果最大横截面为矩形。果壳表面非常粗糙，壳上的斑纹稀少，部分坚果的缝合线突起，但一般仅出现在坚果的一侧，凸脊显著（图 4–202）。坚果平均单果质量 5.69 g，纵径 42.62 mm，横径 19.35 mm，果形指数 2.203；果壳厚，厚度约 1.117 mm。平均含仁率 44.62%，种仁含油率 66.85%。种仁中不饱和脂肪酸含量为 317.90 mg/g，占总脂肪酸含量的 94.38%，其中单不饱和脂肪酸含量占比 80.89%（为该指标含量高的品种），多不饱和脂肪酸含量占比 19.11%。种仁饱满（图 4–202）。

图 4–194　‘福克特’叶片

图 4–195　‘福克特’一年生枝条

图 4-196 ‘福克特’树形

图 4-197 '福克特'萌芽

图 4-198 ‘福克特’展叶与雄花显露

图 4-199 ‘福克特’雌花

图 4-200 ‘福克特’雄花

图 4-201 ‘福克特’成熟果实

图 4-202 ‘福克特’坚果与种仁

二十七、韦科（Waco）

美国引进优良品种，‘切尼’×‘西奥克斯’杂交选育而成，2005年发布。叶片绿色，复叶平直，个别复叶底部微微翘起，小叶下垂（图4-203）。一年生枝条皮孔数量较多（图4-204）。树形直立（图4-205）。

雄先型。南京地区3月底萌芽（图4-206），4月中旬展叶（图4-207），4月底雄花显露。雄花散粉期为5月上中旬，雌花可授期为5月中旬。授粉品种为‘威奇塔’‘堪萨’。果实成熟期在10月下旬，为中晚熟品种。

图4-203 ‘韦科’叶片

图4-204 ‘韦科’一年生枝条

图 4-205 ‘韦科’树形

图 4-206　‘韦科’萌芽

图 4-207　‘韦科’展叶

青皮中厚，厚度约 4.95 mm，表面黄绿色，有沟壑，缝合线异常突起（图 4–208）。坚果椭圆形，顶部呈钝角，底部圆形。果壳表面非常粗糙，斑纹和斑点较多（图 4–209）。坚果个大，平均单果质量 8.24 g，纵径 41.05 mm，横径 24.79 mm，果形指数 1.657；果壳较厚，厚度约 0.709 mm。平均含仁率 54.22%，种仁含油率 69.53%。种仁中不饱和脂肪酸含量为 449.69 mg/g，占总脂肪酸含量的 92.84%，其中单不饱和脂肪酸含量占比 64.58%，多不饱和脂肪酸含量占比 35.42%。种皮乳黄色到金黄色，种仁背沟宽，不夹杂苦味杂物，背脊圆形（图 4–209）。易取整仁，分心木整齐，不易碎。

图 4–208 ‘韦科’成熟果实

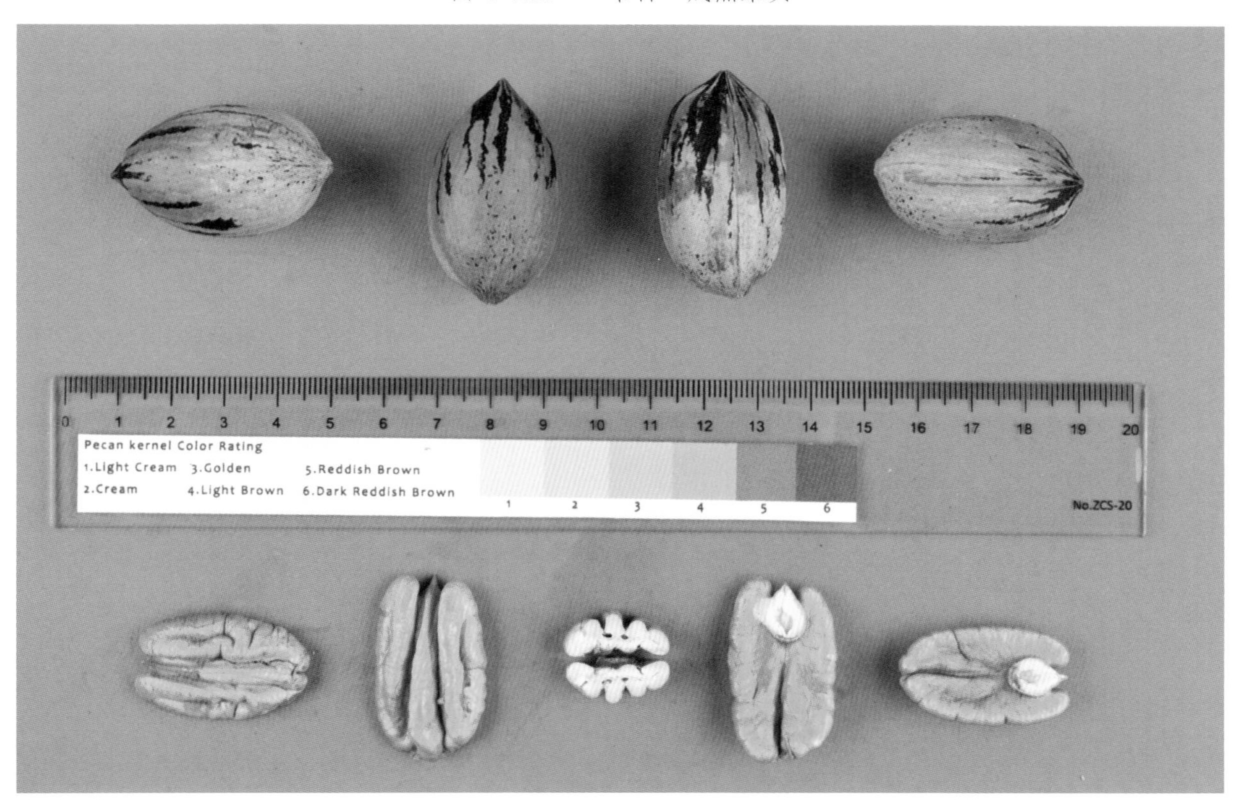

图 4–209 ‘韦科’坚果与种仁

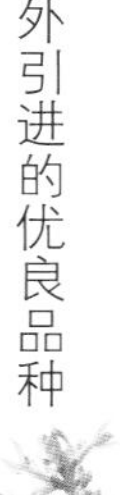

二十八、克里克（Creek）

美国引进优良品种，‘莫汉克’×‘红星勇巨’杂交选育而成，1996年发布。叶片颜色深绿色，复叶略微向下卷曲，复叶基部小叶平直，顶部小叶下垂（图4-210）。一年生枝条颜色浅，芽体长而饱满，皮孔数量极少（图4-211）。

雌先型。南京地区3月下旬萌芽（图4-212），4月中旬展叶（图4-213）。雌花可授期和雄花散粉期部分相遇，自花可结实。果实成熟期在10月中旬。

图4-210 ‘克里克’叶片

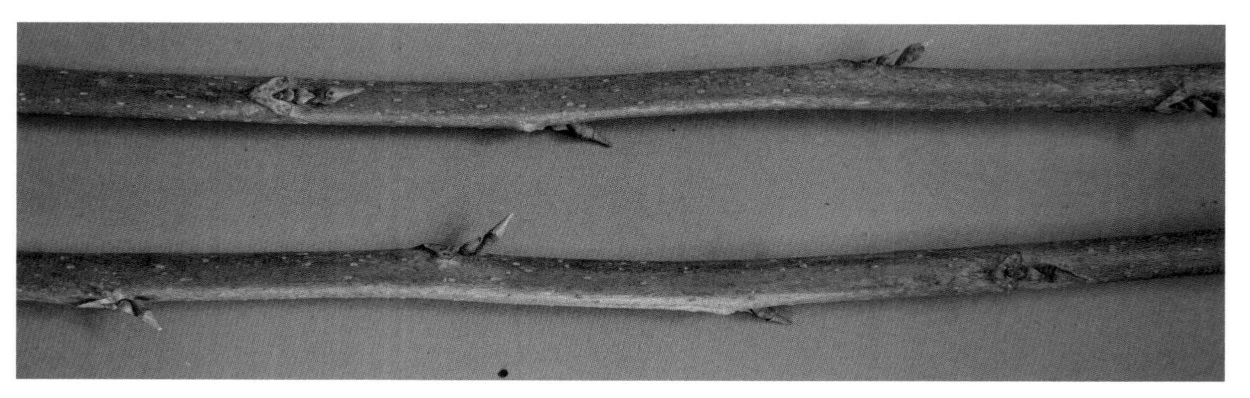

图4-211 ‘克里克’一年生枝条

图 4-212 ‘克里克’萌芽

图 4-213 ‘克里克’展叶

青皮厚度均等，厚度约 4.97 mm，表面黄绿色，有光泽，光滑，缝合线显著突起。坚果长椭圆形，顶部呈钝角，底部圆带尖形，缝合线明显，棕色到黑色条形斑纹适中（图 4–214）。坚果平均单果质量 5.97 g，纵径 40.41 mm，横径 21.07 mm，果形指数 1.915；果壳较厚，厚度约 0.709 mm。平均含仁率 55.14%，种仁含油率 72.03%。种仁中不饱和脂肪酸含量为 396.55 mg/g，占总脂肪酸含量的 94.03%，其中单不饱和脂肪酸含量占比 67.39%，多不饱和脂肪酸含量占比 32.61%。种皮乳黄色，种仁饱满，次级背沟较深（图 4–215）。

图 4–214 ‘克里克’成熟果实

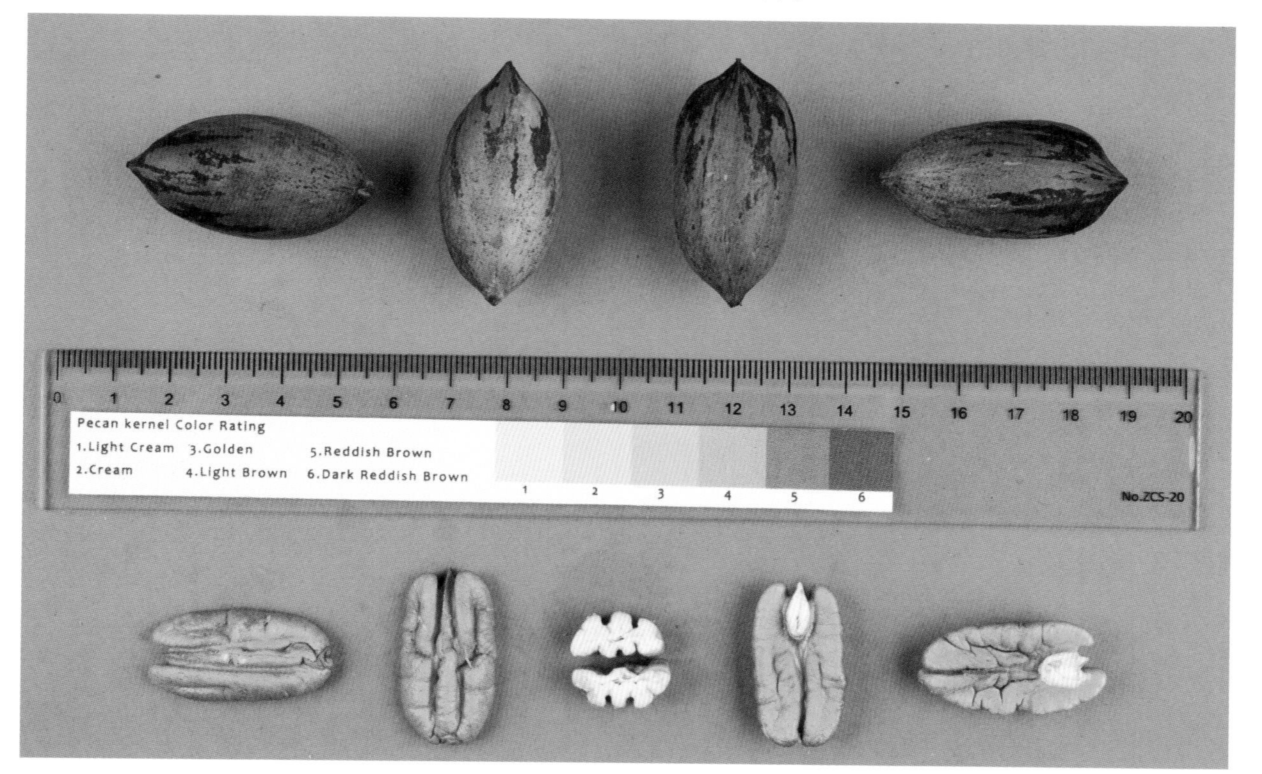

图 4–215 ‘克里克’坚果与种仁

二十九、开普费尔（Cape Fear）

美国引进优良品种，由‘斯莱’开放授粉所结实的坚果实生选育而成，1940 年发布。叶片浅绿色（图 4–216）。茎节间短，以致每茎枝上的复叶数量较多。一年生枝条皮孔数量少（图 4–217）。树体结构为开张型。

雄先型。南京地区 3 月底萌芽（图 4–218），4 月中旬展叶（图 4–219）。雄花散粉非常早，时间为 4 月底至 5 月上旬，早于大多数栽培品种。雌花可授期为 5 月上中旬，雄花散粉期与雌花可授期的相遇时间长。最佳授粉品种为‘威奇塔’。果实成熟期为 10 月中旬。

青皮薄，厚度约 3.73 mm，表面黄绿色，有沟壑，缝合线突起（图 4–220）。坚果卵形，果基圆形，果顶呈急尖状。果顶在沿着缝合线处凹陷。果壳表面粗糙，底色为中等暗褐色，果壳上有很多黑色的条纹与斑点，壳上的凸脊显著（图 4–221）。坚果平均单果质量 4.57 g，果形偏小，纵径 35.45 mm，横径 23.19 mm，果形指数 1.540；果壳极薄，厚度约 0.409 mm。平均含仁率 59.56%，种仁含油率 67.55%。种仁中不饱和脂肪酸含量为 396.33 mg/g，占总脂肪酸含量的 94.45%，其中单不饱和脂肪酸含量占比 69.34%，多不饱和脂肪酸含量占比 30.66%。种皮乳黄色，种仁饱满（图 4–221）。该品种含仁率高，果壳非常薄，是非常理想的育种材料。

图 4–216　‘开普费尔’叶片

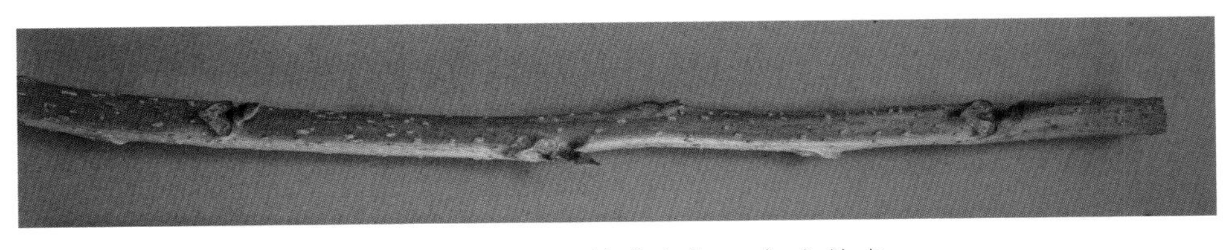

图 4–217　‘开普费尔’一年生枝条

图 4-218 ‘开普费尔’萌芽

图 4-219 ‘开普费尔’展叶

图 4-220 '开普费尔'成熟果实

图 4-221 '开普费尔'坚果与种仁

三十、堪萨（Kanza）

美国引进优良品种，‘梅杰（Major）’ × ‘肖肖尼’杂交选育而成，1996年发布。

雌先型。雄花散粉晚，雌花可授期晚。南京地区果实成熟期为9月底。

坚果椭圆形，顶部锐角，底部钝角到圆形，最大横截面为圆形（图4-222）。坚果平均单果质量3.54 g，纵径28.89 mm，横径16.11 mm，果形指数1.794；果壳薄，厚度约0.478 mm。平均含仁率58.60%，种仁含油率70.91%。种仁中不饱和脂肪酸含量为412.31 mg/g，占总脂肪酸含量的93.25%，其中单不饱和脂肪酸含量占比64.97%，多不饱和脂肪酸含量占比35.03%。种皮金黄色，种仁饱满。该品种对疮痂病抗性强。

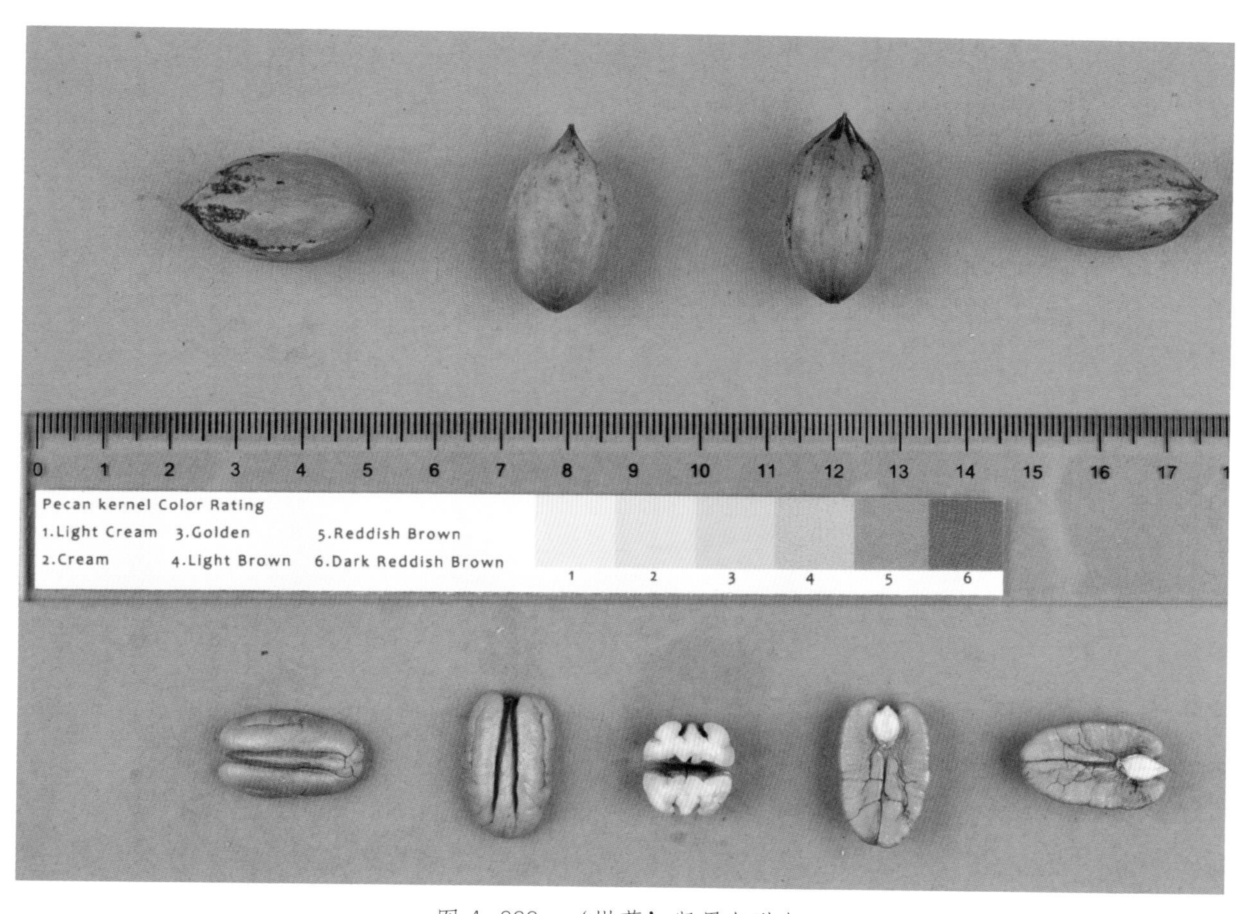

图4-222 ‘堪萨’坚果与种仁

三十一、格拉克罗斯（GraCross）

美国引进优良品种，实生选育。小叶向内和向下卷曲（图 4–223）。一年生枝条皮孔数量少（图 4–224）。树形直立（图 4–225），树势旺盛。早实丰产。

雄先型。南京地区 3 月下旬萌芽（图 4–226），芽鳞片微红，4 月中旬雄花显露（图 4–227），4 月下旬展叶（图 4–228）。雄花的柔荑花序短而粗（图 4–229），散粉期为 5 月上中旬，雌花红褐色（图 4–230），可授期为 5 月中旬。果实成熟期为 10 月中旬。

青皮厚度约 5.35 mm，表面绿色，有光泽，缝合线显著（图 4–231）。坚果长椭圆形，两端为钝角，壳上有明显深颜色条纹（图 4–232）。坚果平均单果质量 7.77 g，纵径 42.20 mm，横径 20.72 mm，果形指数 2.038；果壳厚，厚度约 0.819 mm。平均含仁率 50.07%，种仁含油率 68.77%。种仁中不饱和脂肪酸含量为 448.30 mg/g，占总脂肪酸含量的 93.60%，其中单不饱和脂肪酸含量占比 65.31%，多不饱和脂肪酸含量占比 34.69%。种皮金黄色，种仁饱满，去壳容易，背沟深，宽度中等，含有次级背沟（图 4–232）。该品种抗桃蛀螟危害。

图 4–223　‘格拉克罗斯’叶片

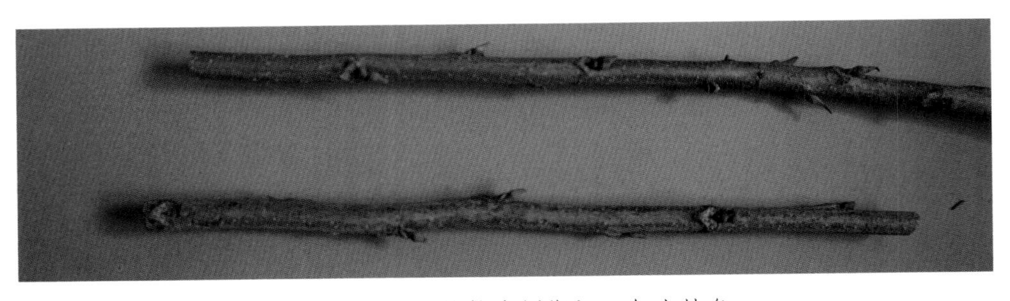

图 4–224　‘格拉克罗斯’一年生枝条

图 4-225　‘格拉克罗斯’树形

图 4-226　‘格拉克罗斯’萌芽

图 4-227　‘格拉克罗斯’雄花显露

图 4-228　‘格拉克罗斯’展叶

图 4-229 ‘格拉克罗斯’雄花

图 4-230 ‘格拉克罗斯’雌花

图 4-231　‘格拉克罗斯’成熟果实

图 4-232　‘格拉克罗斯’坚果与种仁

三十二、西奥克斯（Sioux）

美国引进优良品种，‘斯莱（Schley）’×‘卡麦可（Carmichael）’杂交选育而成，1962年发布。叶片深绿色，有光泽，复叶和小叶平直不弯曲（图4-233）。一年生枝条皮孔数量少（图4-234）。树形直立，树冠开张（图4-235）。树叶秋季保留性好。

雌先型。南京地区4月初萌芽（图4-236），4月中旬展叶（图4-237），雌花可授期为5月上中旬，雄花散粉期为5月中旬，授粉品种为‘开普费尔’。果实成熟期为10月中下旬。

青皮黄绿色，有光泽（图4-238）。坚果长椭圆形，顶部呈急尖状，底部呈短尖状，最大横截面为圆形，壳上具有凸脊，但是不显著（图4-239）。果壳表面平滑，底色为中褐色，具有略带红色的褐色斑纹，条纹数中等，斑点较多。坚果平均质量4.99 g，纵径42.42 mm，横径20.04 mm，果形指数2.118；果壳非常薄，厚度约0.500 mm。平均含仁率62.85%，种仁含油率69.74%。种仁中不饱和脂肪酸含量为422.30 mg/g，占总脂肪酸含量的93.44%，其中单不饱和脂肪酸含量占比62.96%，多不饱和脂肪酸含量占比37.04%。种皮乳黄色，种仁饱满（图4-239），含仁率非常高，而且果壳非常薄，是育种的理想亲本。

图4-233 ‘西奥克斯’叶片

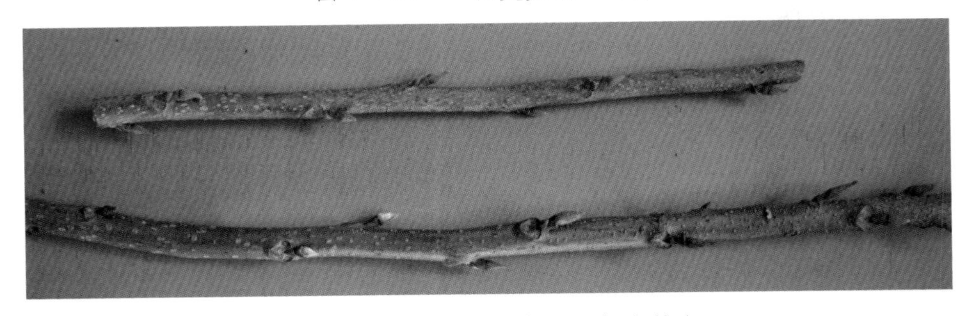

图4-234 ‘西奥克斯’一年生枝条

图 4-235 ‘西奥克斯’树形

图 4-236 ‘西奥克斯’萌芽

图 4-237 ‘西奥克斯’展叶

图 4-238 ‘西奥克斯’成熟果实

图 4-239 ‘西奥克斯’坚果与种仁

三十三、红星勇巨（Starking Hardy Giant）

美国引进优良品种，实生选育，1954 年发布。叶片深绿色，复叶及小叶几乎笔直。

雄先型。雄花散粉期早，雄花散粉期与雌花可授期相遇时间长。果实非常早熟，南京地区 9 月初便成熟，是典型的北方型品种。

青皮绿色，有光泽（图 4–240）。坚果长椭圆形，两端呈钝角，最大横截面为圆形（图 4–241）。坚果平均单果质量 5.67 g，纵径 36.93 mm，横径 20.67 mm，果形指数 1.797；果壳中厚，厚度约 0.843 mm。平均含仁率 55.71%，种仁含油率 68.73%。种仁中不饱和脂肪酸含量为 393.98 mg/g，占总脂肪酸含量的 93.27%，其中单不饱和脂肪酸含量占比 65.86%，多不饱和脂肪酸含量占比 34.14%。种仁表面具有褶皱，背沟狭窄，底部裂口深而狭窄（图 4–241）。

图 4–240 ‘红星勇巨’成熟果实

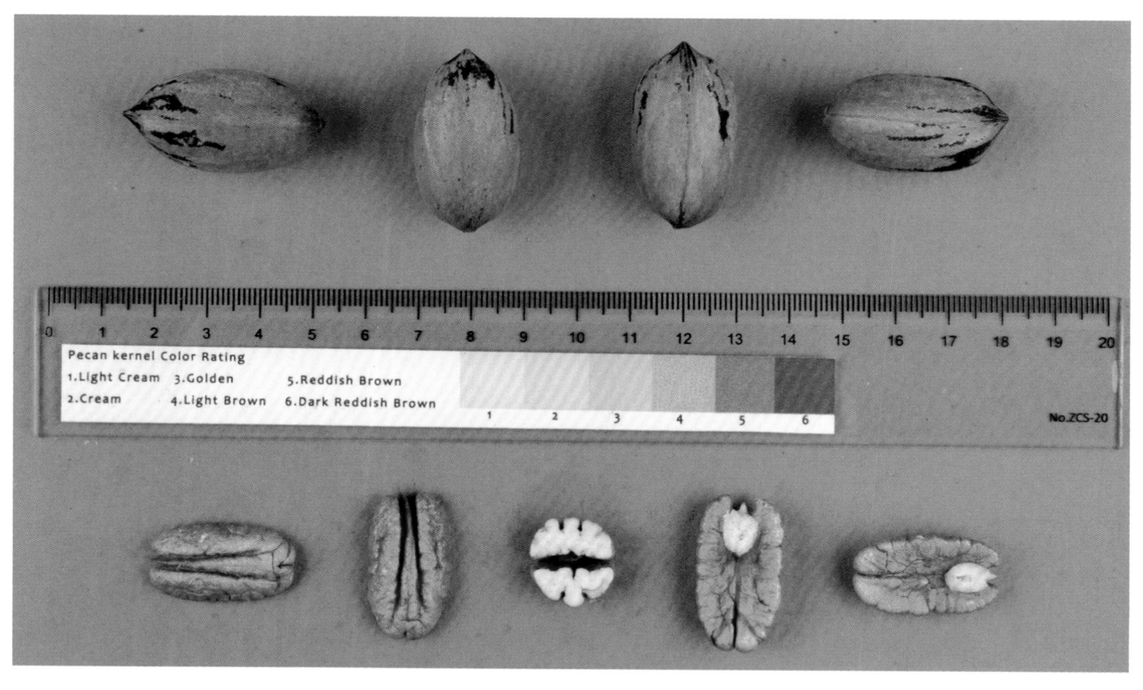

图 4–241 ‘红星勇巨’坚果与种仁

三十四、默尔兰（Moreland）

美国引进优良品种，实生选育。叶片深绿色，有光泽。复叶较为平直，小叶向下卷曲成杯状（图 4-242）。一年生枝条颜色浅，皮孔数量较少（图 4-243）。树冠稠密，树势中等旺盛。秋季叶片保留性极佳。

雌先型。萌芽早，南京地区 3 月中下旬开始萌芽（图 4-244），比波尼早 2~3 天，4 月中旬展叶（图 4-245）。雌花可授期为 5 月上中旬，雄花散粉期为 5 月中旬。授粉品种为‘开普费尔’‘德西拉布’‘卡多’。果实成熟期为 10 月中旬。

青皮厚度约 5.98 mm，表面青绿色，缝合线显著突起（图 4-246）。果形稍短，呈椭圆形至矩形。果基钝形，果顶呈急尖至不对称急尖状，果顶沿着缝合线处凹陷（图 4-247）。坚果最大横截面为圆形。果壳表面光滑，紫黑色到黑色的条形斑纹和斑点稀少（图 4-247）。坚果大小中等，平均单果质量 6.21 g，纵径 41.83 mm，横径 21.45 mm，果形指数 1.956；果壳薄，厚度约 0.674 mm。平均含仁率 58.72%，种仁含油率 69.05%。种仁中不饱和脂肪酸含量为 344.60 mg/g，占总脂肪酸含量的 93.87%，其中单不饱和脂肪酸含量占比 70.74%，多不饱和脂肪酸含量占比 29.26%。种皮乳黄色，美观，种仁非常饱满，品质好，表面皱缩（图 4-247）。该品种对疮痂病中度敏感。

图 4-242 ‘默尔兰’叶片

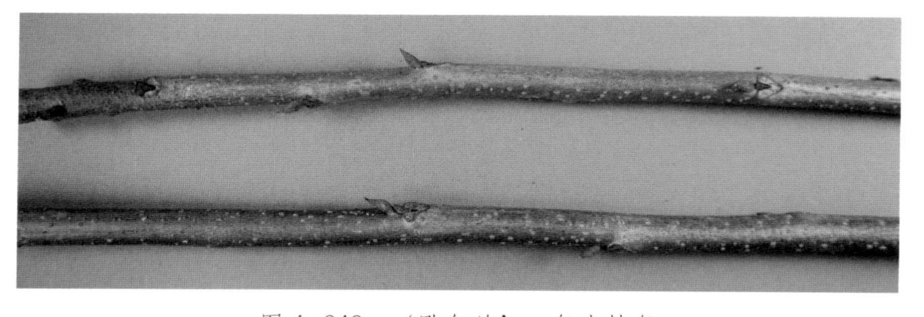

图 4-243 ‘默尔兰’一年生枝条

图 4-244 ‘默尔兰’萌芽

图 4-245 ‘默尔兰’展叶

图 4-246 '默尔兰'成熟果实

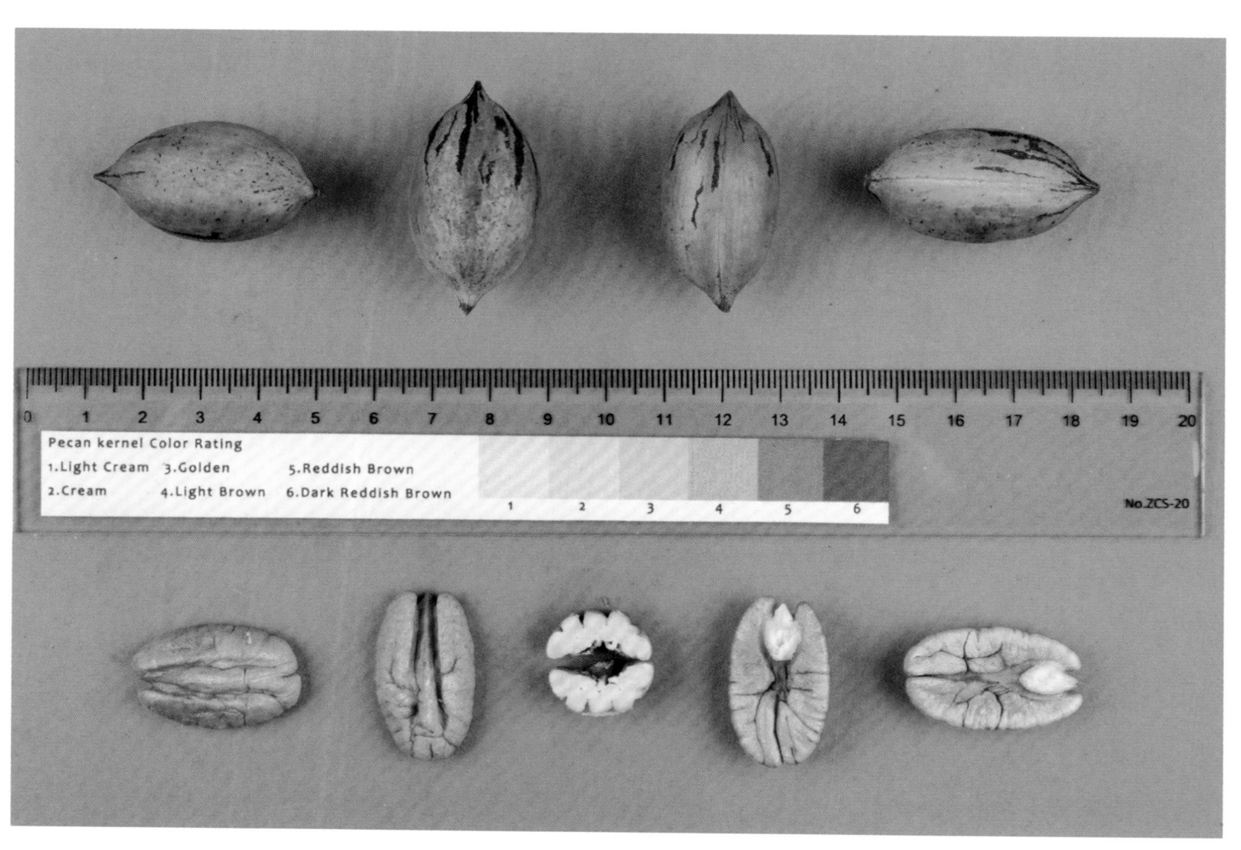

图 4-247 '默尔兰'坚果与种仁

三十五、赛温（Seven）

美国引进优良品种，实生选育。叶片绿色，复叶平直，顶部向上翘起，小叶向下弯曲（图 4–248）。一年生枝条颜色深，皮孔数量适中，芽体饱满（图 4–249）。树冠闭合（图 4–250）。

雌先型。南京地区 3 月底至 4 月初萌芽（图 4–251），4 月下旬展叶（图 4–252）。果实成熟期为 10 月中下旬。

图 4–248　‘赛温’叶片

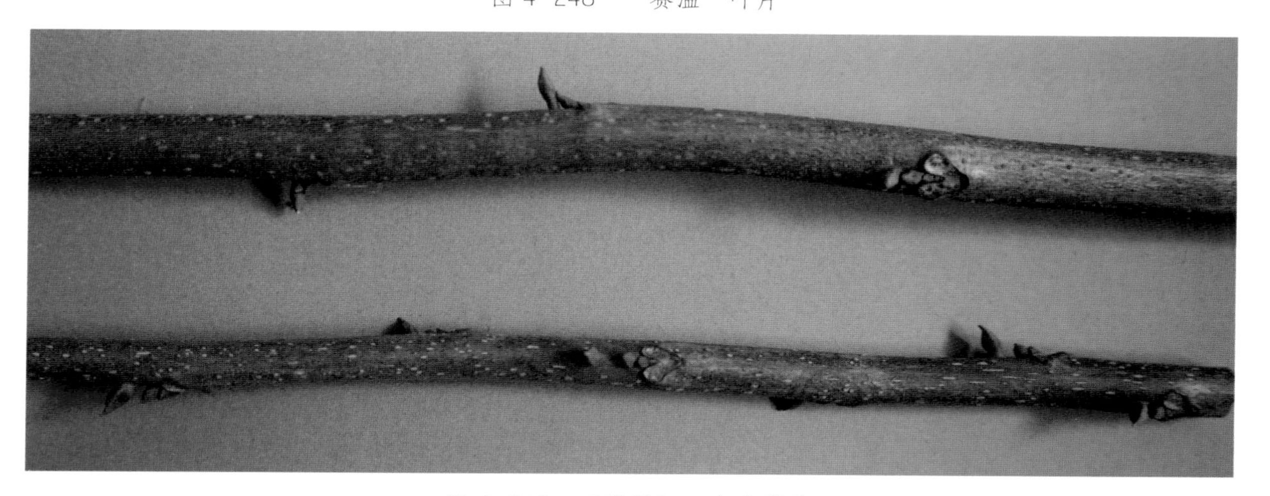

图 4–249　‘赛温’一年生枝条

图 4-250 ‘赛温’树形

图 4-251 ‘赛温’萌芽

图 4-252 ‘赛温’展叶

青皮厚度约 5.97 mm，表面绿色，无沟壑，有光泽，缝合线显著（图 4-253）。坚果椭圆形，顶端呈不对称钝角，底部圆形，外壳条纹很少（图 4-254）。坚果平均单果质量 6.92 g，纵径 42.33 mm，横径 24.24 mm，果形指数 1.777；果壳较薄，厚度约 0.660 mm。平均含仁率 52.69%，种仁含油率 67.86%。种仁中不饱和脂肪酸含量为 431.09 mg/g，占总脂肪酸含量的 93.83%，其中单不饱和脂肪酸含量占比 62.10%，多不饱和脂肪酸含量占比 37.90%。种仁饱满，浅乳黄色，背沟浅，宽度中等（图 4-254）。

图 4-253　‘赛温’成熟果实

图 4-254　‘赛温’坚果与种仁

三十六、切尼（Cheyenne）

美国引进优良品种，‘克拉克（Clark）’×‘奥多姆’杂交选育而成，1970年发布。叶片深绿色，复叶向下弯曲，小叶向下弯曲程度小（图4-255）。一年生枝条皮孔数量多，芽体饱满（图4-256）。树冠开张，早实，丰产性好。

雄先型。南京地区3月底萌芽（图4-257），4月中旬展叶（图4-258）。雄花散粉期为5月上中旬，雌花可授期为5月中下旬，雌花可授期和雄花散粉期部分相遇。果实成熟期为10月中旬。

青皮绿色，较厚，厚度约5.97 mm，缝合线突起（图4-259）。坚果椭圆形，顶部呈锐角，底部呈钝角，最大横截面为圆形（图4-260）。坚果平均单果质量7.13 g，纵径41.46 mm，横径24.13 mm，果形指数1.720；果壳较薄，厚度约0.659 mm。平均含仁率57.21%，种仁含油率64.63%。种仁中不饱和脂肪酸含量为407.71 mg/g，占总脂肪酸含量的94.00%，其中单不饱和脂肪酸含量占比67.00%，多不饱和脂肪酸含量占比33.00%。种皮浅乳黄色到金黄色，种仁饱满，表面褶皱多，有宽而浅的背沟（图4-260），易去壳，可以获得比例相当高的完整的半粒种仁。该品种对疮痂病中度敏感。

图4-255　‘切尼’叶片

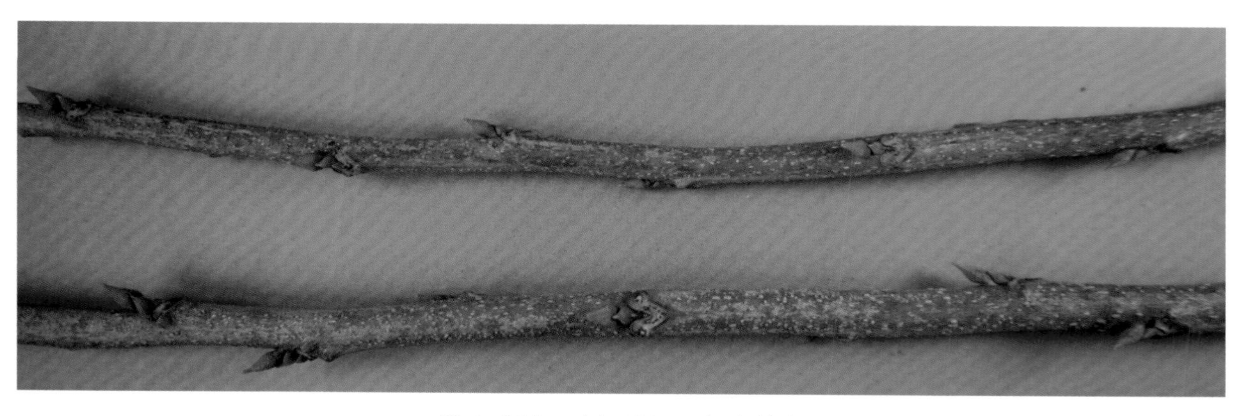

图4-256　‘切尼’一年生枝条

图 4-257 ‘切尼’萌芽

图 4-258　‘切尼’展叶

图 4-259 ‘切尼’成熟果实

图 4-260 ‘切尼’坚果与种仁

三十七、凯厄瓦（Kiowa）

美国引进优良品种，‘马罕’×‘奥多姆’杂交选育而成，1976 年发布。叶片绿色，复叶大，小叶向下弯曲成杯状（图 4-261）。一年生枝条芽体饱满，皮孔数量多（图 4-262）。

雌先型。南京地区 3 月下旬萌芽（图 4-263），4 月中下旬展叶（图 4-264）。雌花（图 4-265）可授期为 5 月上中旬，雌花授粉时间长，雄花的柔荑花序细而长（图 4-266），雄花散粉期（图 4-267）为 5 月中下旬，雌花可授期与雄花散粉期有较长时间的相遇期。授粉品种为‘德西拉布’。果实成熟期为 10 月中旬。

图 4-261　‘凯厄瓦’叶片

图 4-262　‘凯厄瓦’一年生枝条

图 4-263　‘凯尼瓦’萌芽

图 4-264　‘凯尼瓦’展叶

图 4-265 ‘凯厄瓦’雌花

图 4-266　‘凯厄瓦’雄花

图 4-267　‘凯厄瓦’雄花散粉

青皮黄绿色，有光泽（图 4-268），较厚，厚度约 5.57 mm。坚果椭圆形，果基为不对称圆形，果顶为不对称钝形。果壳表面光滑，缝合线不突起，底色为浅中褐色，褐色到黑色条形斑纹和斑点较少（图 4-269）。坚果个大，平均单果质量 8.72 g，纵径 41.90 mm，横径 25.39 mm，果形指数 1.654；果壳较厚，厚度约 0.815 mm。平均含仁率 55.54%，种仁含油率 68.63%。种仁中不饱和脂肪酸含量为 368.92 mg/g，占总脂肪酸含量的 93.30%，其中单不饱和脂肪酸含量占比 71.20%，多不饱和脂肪酸含量占比 28.80%。种皮金黄色，种仁饱满（图 4-269），易去壳，种仁和果壳空隙大，易获得完整的半粒种仁，分心木完整性好。该品种对疮痂病免疫。

图 4-268　‘凯厄瓦’成熟果实

图 4-269　‘凯厄瓦’坚果与种仁

5

第五章 国内自主选育的优良品种

一、金华（Jinhua）

我国自主选育品种，实生选育，1980 年由浙江省科学院亚热带作物研究所选出，母本树位于金华地区幼儿园（原为美国医生开办的福育医院）内。叶片深绿色，复叶和小叶下垂（图 5-1）。一年生枝条上芽体饱满，皮孔数量多（图 5-2）。树冠开张，树势旺盛（图 5-3）。

雌先型。南京地区 3 月底萌芽（图 5-4），4 月中下旬展叶（图 5-5），4 月下旬雄花显露（图 5-6）。雌花（图 5-7）可授期为 5 月上中旬，雄花的柔荑花序细而长（图 5-8），雄花散粉期为 5 月中旬。果实成熟期为 10 月下旬。

青皮较薄，厚度约 5.13 mm，黄绿色，有光泽，表面有沟壑，缝合线突起（图 5-9）。坚果椭圆形，果基圆形，果顶尖。果壳上黑色条纹与斑点多，尤其是果实顶部（图 5-10）。坚果中等偏大，平均单果质量 7.26 g，纵径 40.80 mm，横径 24.05 mm，果形指数 1.699；果壳厚，厚度约 0.924 mm。平均含仁率 45.29%，种仁含油率 61.92%。种仁中不饱和脂肪酸含量为 462.46 mg/g，占总脂肪酸含量的 92.57%，其中单不饱和脂肪酸含量占比 51.24%，多不饱和脂肪酸含量占比 48.76%。种仁较饱满，种皮金黄色（图 5-10）。该品种抗病性和抗虫性较强。

图 5-1 ‘金华’叶片

图 5-2 ‘金华’一年生枝条

图 5-3　‘金华’树形

图 5-4 ‘金华’萌芽

图 5-5 ‘金华’展叶

图 5-6　‘金华’雄花显露

图 5-7　‘金华’雌花

图 5-8　‘金华’雄花

图 5-9 ‘金华’成熟果实

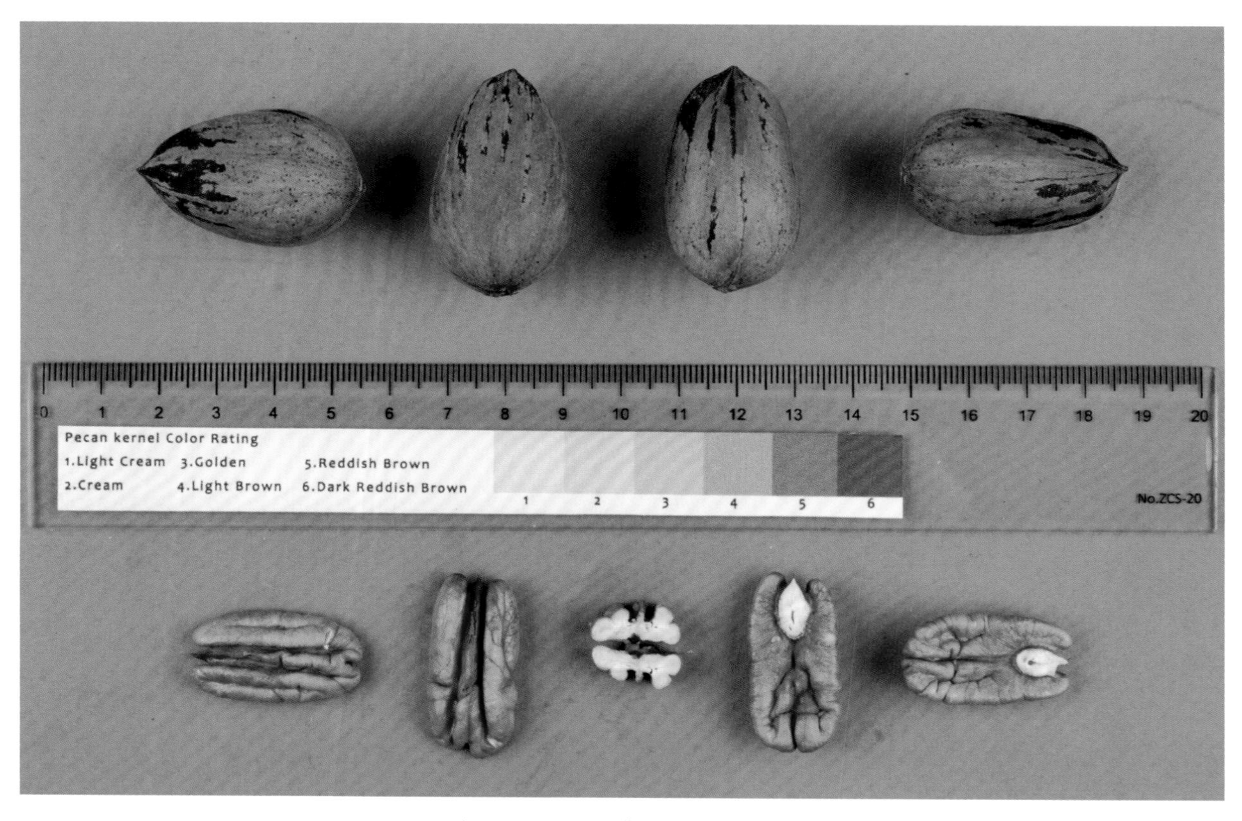

图 5-10 ‘金华’坚果与种仁

二、绍兴（Shaoxing）

我国自主选育的优良品种，实生选育，1980年由浙江省科学院亚热带作物研究所从绍兴龙寇山茶牧场内选出。叶片深绿色，复叶和小叶平直，复叶顶部小叶向下卷曲（图5–11）。一年生枝条皮孔数量适中（图5–12）。树冠开张（图5–13），早实丰产，大小年不明显。

雌先型。南京地区3月底萌芽（图5–14），4月下旬展叶（图5–15）。雌花可授期为4月底至5月初，雄花的柔荑花序细而长（图5–16），雄花散粉期为5月上旬。果实成熟期为10月下旬。

图5–11 ‘绍兴’叶片

图5–12 ‘绍兴’一年生枝条

图 5-13 ‘绍兴’树形

图 5-14　‘绍兴’萌芽

图 5-15　‘绍兴’展叶与雄花显露

图 5-16　‘绍兴’雄花

果实近圆形。青皮较薄，厚度约 4.99 mm，表面绿色，有光泽（图 5–17）。坚果果顶呈钝角，果基部呈圆形，缝合线显著突起，棕色到黑色条形斑纹适中（图 5–18）。坚果个小，平均单果质量 4.87 g，纵径 32.12 mm，横径 22.69 mm，果形指数 1.416；果壳较厚，厚度约 0.750 mm。平均含仁率 51.13%，种仁含油率 60.31%。种仁中不饱和脂肪酸含量为 326.96 mg/g，占总脂肪酸含量的 93.29%，其中单不饱和脂肪酸含量占比 55.78%，多不饱和脂肪酸含量占比 44.22%。该品种丰产稳产性较好，具有较强的疮痂病抗性。坚果个小，大小年现象不明显，可以作为薄壳山核桃育苗的砧木。

图 5–17　‘绍兴’成熟果实

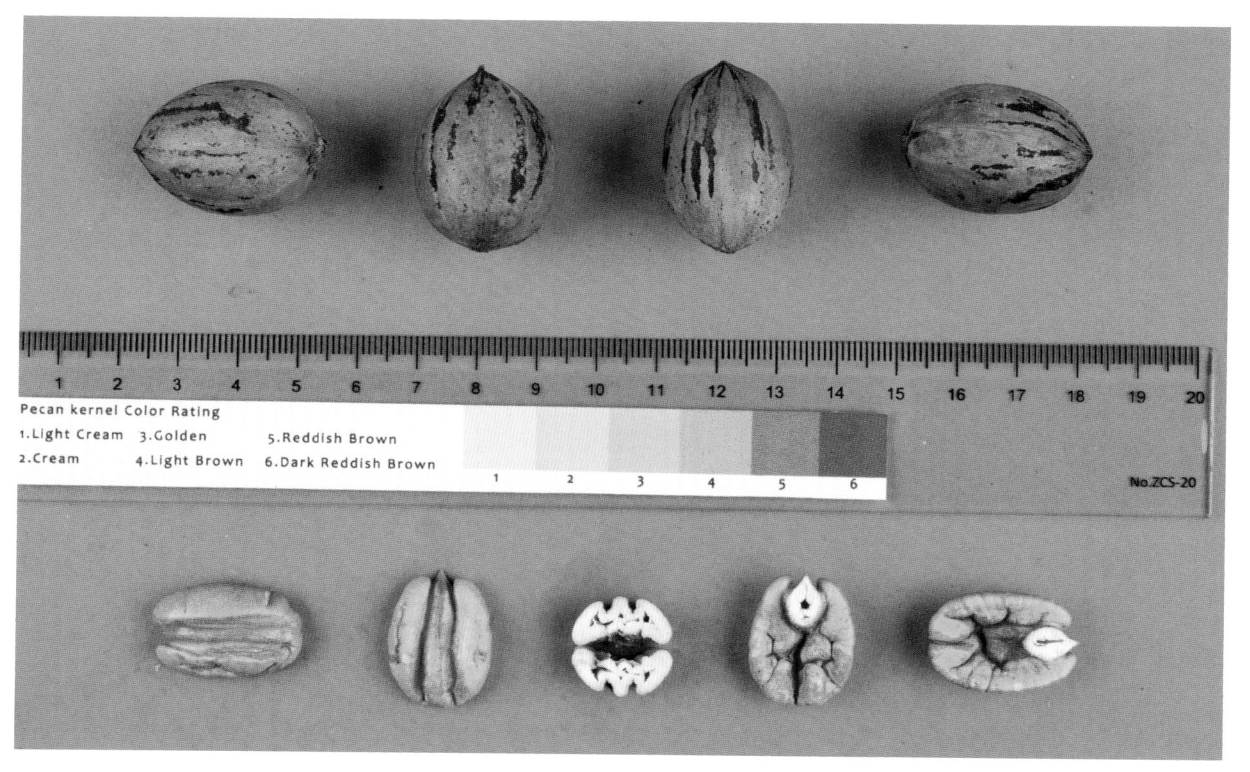

图 5–18　‘绍兴’坚果与种仁

三、绿宙 1 号

我国自主选育的优良品种，实生选育，由南京绿宙薄壳山核桃科技有限公司从实生资源中筛选获得。叶片深绿色，复叶平直，小叶向下卷曲，复叶叶柄呈微红色（图 5-19），是该品种的主要特征之一。一年生枝条芽体饱满，皮孔数量少（图 5-20）。树形直立，树冠开张角度小（图 5-21）。

雌先型。南京地区 3 月底萌芽（图 5-22），4 月上中旬展叶（图 5-23）。雌花可授期为 5 月上旬，雄花散粉期为 5 月中旬。果实成熟期为 10 月中旬。

图 5-19 ‘绿宙 1 号’叶片

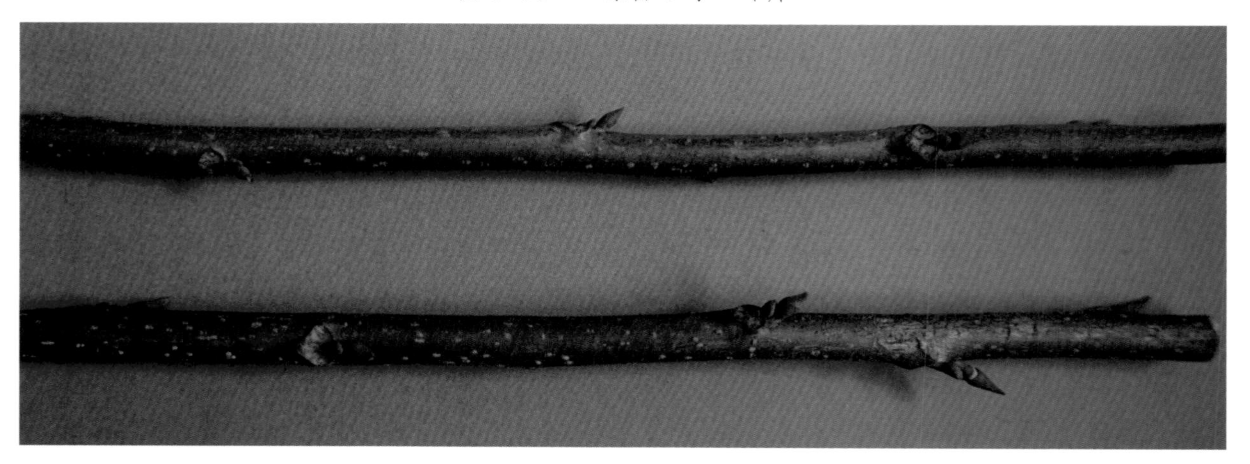

图 5-20 ‘绿宙 1 号’一年生枝条

图 5-21 ‘绿宙 1 号’树形

图 5-22 ‘绿宙 1 号’萌芽

图 5-23 ‘绿宙 1 号’展叶

果实橄榄球形，中间粗、两头细。青皮中厚，厚度约 5.08 mm，表面黄绿色，有光泽，缝合线突起（图 5-24）。坚果长椭圆形，顶部呈锐角到急尖状，顶部形状是该品种的主要特征之一，底部圆形，缝合线明显较粗糙，具棕色到黑色的条形斑纹，斑点少（图 5-25）。坚果平均单果质量 6.09 g，纵径 44.09 mm，横径 23.00 mm，果形指数 1.920；果壳较厚，厚度约 0.760 mm。平均含仁率 49.03%，种仁含油率 66.93%。种仁中不饱和脂肪酸含量为 414.51 mg/g，占总脂肪酸含量的 94.25%，其中单不饱和脂肪酸含量占比 61.89%，多不饱和脂肪酸含量占比 38.11%。种皮金黄色到浅棕色，种仁较饱满（图 5-25）。该品种早实、丰产、稳产和抗逆性强。

图 5-24　‘绿宙 1 号’成熟果实

图 5-25　‘绿宙 1 号’坚果与种仁

四、钟山 25

我国自主选育的优良品种，实生选育，由江苏省中国科学院植物研究所选出，母本树在南京中山植物园内。

雄先型。5 月中旬开花，10 月下旬成熟。坚果较大，近似圆形，表面具棕黑色到黑色条形斑纹，斑点少（图 5–26）。坚果平均单果质量 7.25 g，纵径 31.14 mm，横径 23.85 mm，果形指数 1.306；果壳厚，厚度约 1.111 mm。平均含仁率 45.46%，种仁含油率 63.93%。种仁中不饱和脂肪酸含量为 436.50 mg/g，占总脂肪酸含量的 94.03%，其中单不饱和脂肪酸含量占比 65.05%，多不饱和脂肪酸含量占比 34.95%。种皮金黄色，种仁饱满，果壳厚，含仁率低。

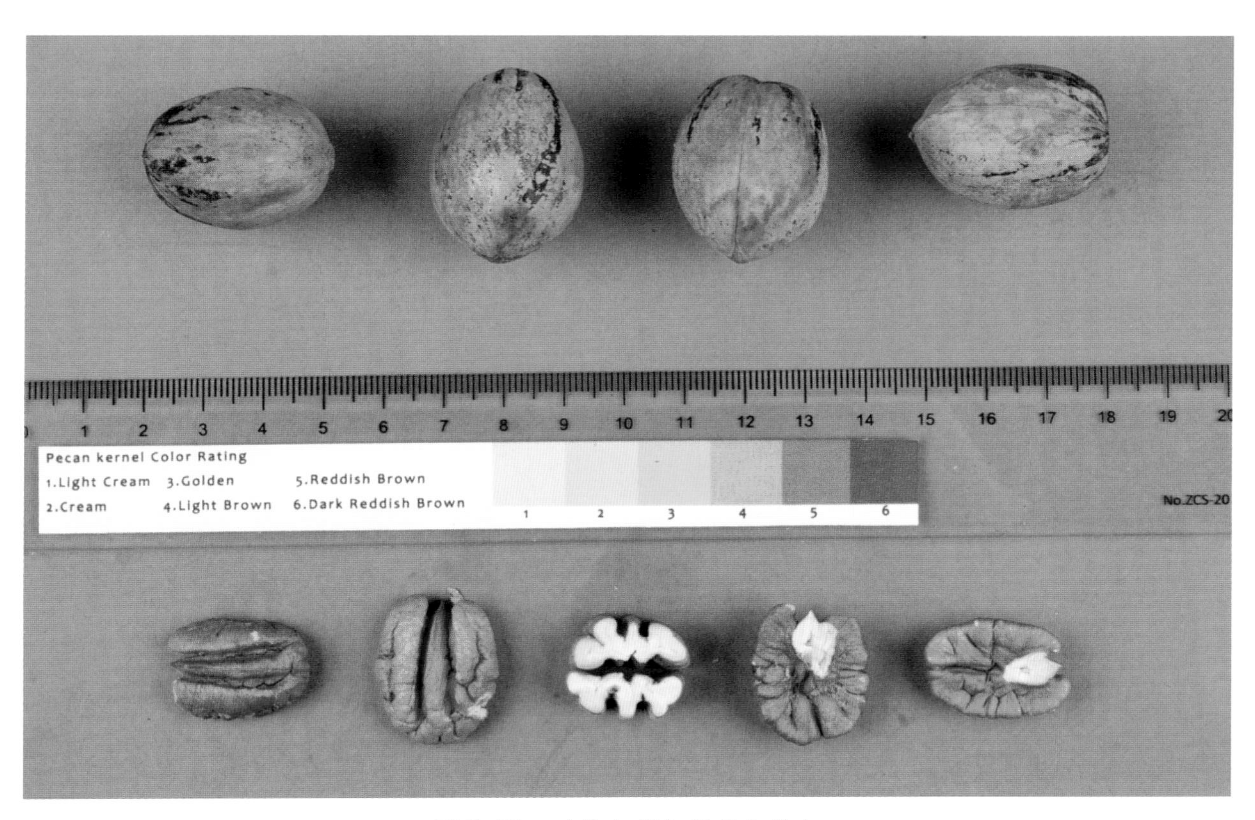

图 5–26 ‘钟山 25’坚果与种仁

第六章
国内自主选育的优良单株

6

一、瑶沟 1 号

实生单株（编号 SD04），母树位于江苏省泗洪县瑶沟乡。

果实成熟期为 10 月中旬。

青皮缝合线异常突起（图 6-1）。坚果个小，近似圆形，果壳表面具棕黑色到黑色条形斑纹，斑点多（图 6-2）。坚果平均单果质量 6.30 g，纵径 25.62 mm、横径 23.41 mm，果形指数 1.094；果壳异常厚，厚度约 1.774 mm。平均含仁率 31.13%，种仁含油率 69.26%。种仁中不饱和脂肪酸含量为 355.57 mg/g，占总脂肪酸含量的 94.13%，其中单不饱和脂肪酸含量占比 77.74%（种仁中单不饱和脂肪酸含量高），多不饱和脂肪酸含量占比 22.26%。种皮金黄色，种仁饱满（图 6-2），果壳异常厚，去壳难，难以获得完整的种仁，含仁率低。

图 6-1 ‘瑶沟 1 号’果实

图 6-2 ‘瑶沟 1 号’坚果与种仁

二、瑶沟 3 号

实生单株（编号 SD05），母树位于江苏省泗洪县瑶沟乡。

果实成熟期为 10 月中旬。

青皮缝合线突起（图 6–3）。坚果长椭圆形，果顶呈不对称锐角，果基部圆形，果壳表面具棕黑色到黑色条形斑纹，斑点多（图 6–4）。坚果平均单果质量 8.41 g，纵径 39.98 mm，横径 23.00 mm，果形指数 1.842；果壳中等厚，厚度约 0.748 mm。平均含仁率 55.67%，种仁含油率 73.82%（在同等测定条件下，含油率最高）。种仁中不饱和脂肪酸含量为 376.47 mg/g，占总脂肪酸含量的 93.16%，其中单不饱和脂肪酸含量占比 72.60%（种仁中单不饱和脂肪酸含量高），多不饱和脂肪酸含量占比 27.40%。种仁非常饱满，种皮金黄色（图 6–4），去壳容易。

图 6–3 ‘瑶沟 3 号’果实

图 6–4 ‘瑶沟 3 号’坚果与种仁

三、绿宙 2 号

实生单株（编号 SD01），父母本不详，位于南京市六合区山北村南京绿宙薄壳山核桃科技有限公司优良品种资源圃。

叶片深绿色，复叶平直不弯曲，复叶底部小叶略微向下弯曲，中部小叶平直，顶部小叶向上翘起（图 6–5）。一年生枝条颜色浅，皮孔数量少，芽体饱满（图 6–6）。

图 6–5　‘绿宙 2 号’叶片

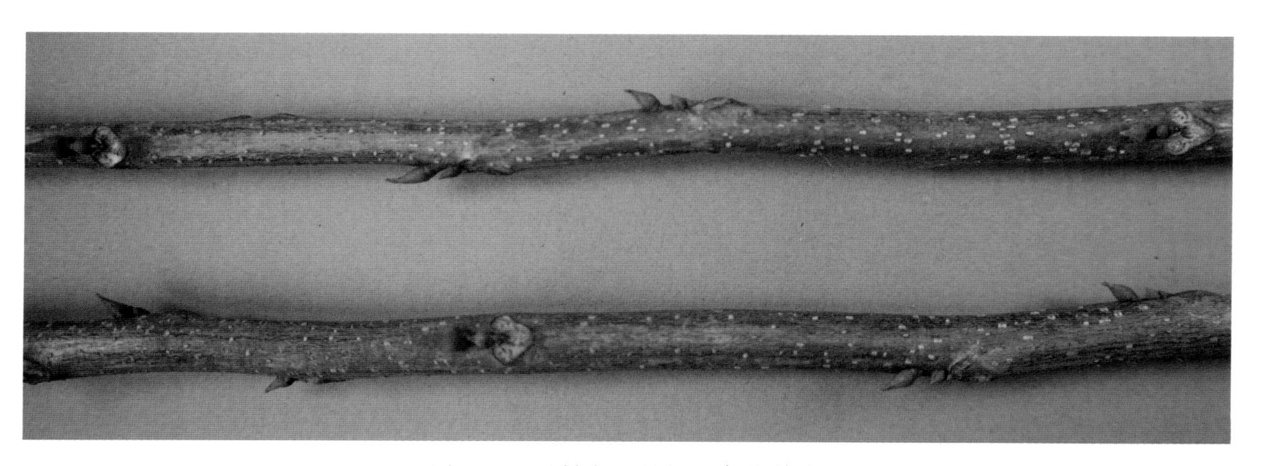

图 6–6　‘绿宙 2 号’一年生枝条

南京地区3月底萌芽（图6–7），4月中旬展叶（图6–8），4月中下旬雄花显露（图6–9），果实成熟期为10月中旬。青皮厚，厚度约6.08 mm，表面黄绿色，缝合线突起（图6–10）。坚果长椭圆形，中部凹陷，果顶呈锐角，果基部圆形，果壳表面具棕黑色到黑色条形斑纹，斑点多，缝合线明显（图6–11）。坚果平均单果质量6.59 g，纵径43.69 mm，横径19.56 mm，果形指数2.235；果壳极薄，厚度约0.473 mm。含仁率高，平均含仁率60.06%，种仁含油率68.18%。种仁中不饱和脂肪酸含量为365.19 mg/g，占总脂肪酸含量的93.69%，其中单不饱和脂肪酸含量占比66.33%，多不饱和脂肪酸含量占比33.67%。种皮金黄色，种仁非常饱满（图6–11），去壳容易。

图6–7　‘绿宙2号’萌芽

图 6-8 ‘绿宙 2 号’展叶

图 6-9　‘绿宙 2 号’雄花显露

图 6-10 ‘绿宙 2 号’成熟果实

图 6-11 ‘绿宙 2 号’坚果与种仁

四、绿宙 3 号

实生单株（编号 SD02），父母本不详，位于南京市六合区山北村南京绿宙薄壳山核桃科技有限公司优良品种资源圃。

叶片绿色，复叶顶部向下弯曲，复叶基部小叶平直不下垂，中上部小叶向下弯曲（图 6–12）。一年生枝条颜色浅，皮孔数量适中，芽体饱满（图 6–13）。

南京地区 3 月底萌芽（图 6–14），4 月中旬展叶（图 6–15）。果实成熟期为 10 月中旬。

图 6–12 ‘绿宙 3 号’叶片

图 6–13 ‘绿宙 3 号’一年生枝条

图 6-14　‘绿宙 3 号’萌芽

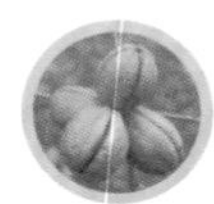

图 6-15 ‘绿宙 3 号’展叶

青皮青绿色，缝合线明显（图 6–16）。坚果长椭圆形，果顶呈锐角急尖状，果基部圆形有尖，具棕黑色到黑色条形斑纹，斑点较少（图 6–17）。坚果平均单果质量 6.62 g，纵径 39.84 mm，横径 21.70 mm，果形指数 1.835；果壳极薄，厚度约 0.454 mm。含仁率高，平均含仁率 62.25%，种仁含油率 68.52%。种仁中不饱和脂肪酸含量为 373.69 mg/g，占总脂肪酸含量的 93.42%，其中单不饱和脂肪酸含量占比 64.37%，多不饱和脂肪酸含量占比 35.63%。种皮金黄色，种仁非常饱满（图 6–17），去壳容易。

图 6–16　‘绿宙 3 号’成熟果实

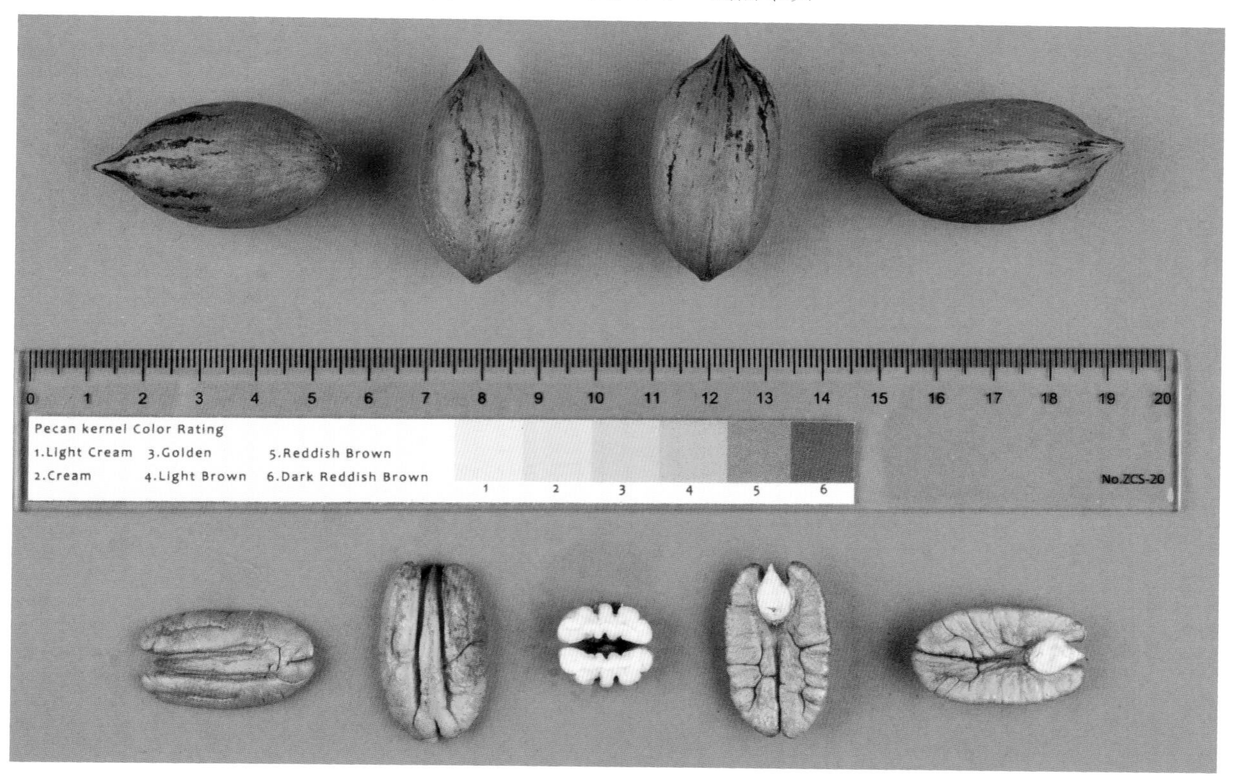

图 6–17　‘绿宙 3 号’坚果与种仁

五、杂交 11 号

实生单株（编号 SD65），2009 年由南京绿宙薄壳山核桃科技有限公司通过‘马罕’‘波尼’‘威奇塔’杂交获得的后代，父母本不确定。2020 年开始挂果，具早实性。

南京地区果实成熟期为 10 月中旬。

青皮较薄，厚度约 4.36 mm，表面绿色，缝合线突起（图 6–18）。坚果短椭圆形，果顶呈锐角，果基部圆形，具棕黑色到黑色条形斑纹，斑点少（图 6–19）。坚果平均单果质量 7.22 g，纵径 36.86 mm，横径 22.01 mm，果形指数 1.677；果壳薄，厚度约 0.560 mm。含仁率高，平均含仁率 59.66%，种仁含油率 68.75%。种仁中不饱和脂肪酸含量为 511.428 mg/g，占总脂肪酸含量的 93.24%，其中单不饱和脂肪酸含量占比 62.84%，多不饱和脂肪酸含量占比 37.16%。种皮金黄色，种仁非常饱满（图 6–19），去壳容易，容易获得完整的半粒种仁。

图 6–18　‘杂交 11 号’成熟果实

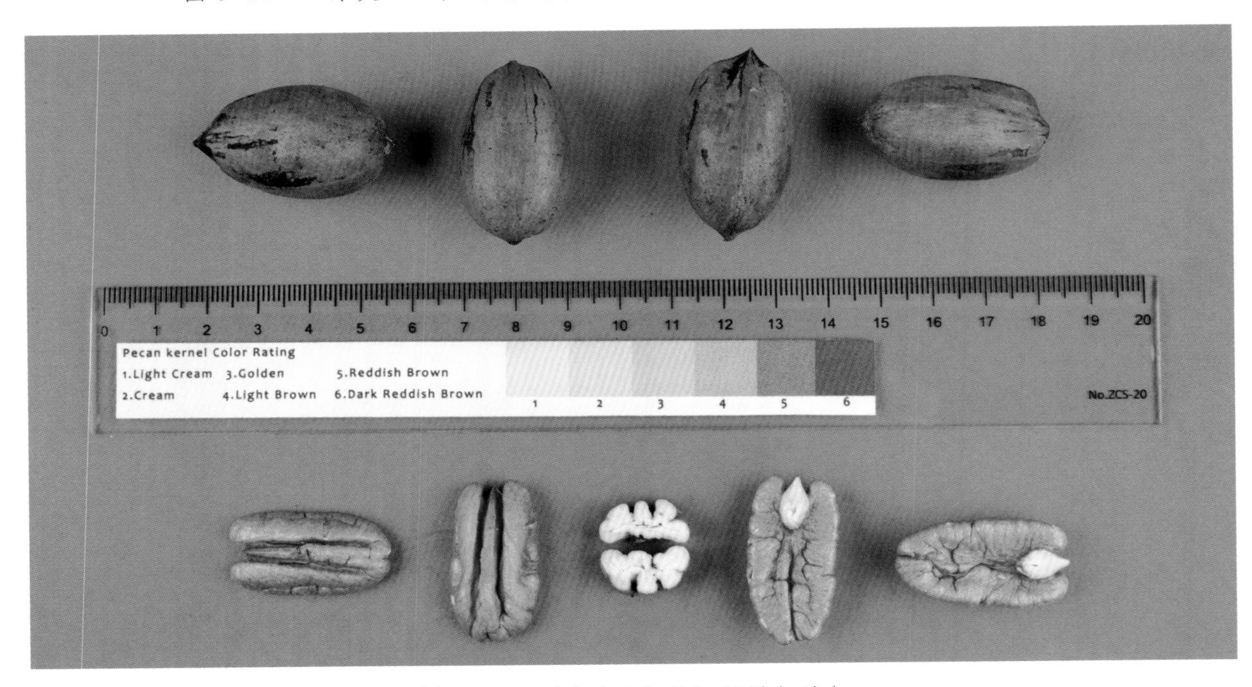

图 6–19　‘杂交 11 号’坚果与种仁

六、杂交 13 号

实生单株（编号 SD67），2009 年由南京绿宙薄壳山核桃科技有限公司通过‘马罕’‘波尼’‘威奇塔’杂交获得的后代，父母本不确定。2020 年开始挂果。

南京地区果实成熟期为 10 月中旬。

青皮较厚，厚度约 6.07 mm，表面绿色，缝合线突起（图 6-20）。坚果短椭圆形，果顶呈不对称钝角，果基部圆形，具棕黑色到黑色条形斑纹，斑点少（图 6-21）。坚果个大，平均单果质量 8.57 g，纵径 37.81 mm，横径 22.84 mm，果形指数 1.666；果壳较薄，厚度约 0.628 mm。平均含仁率 56.23%，种仁含油率 63.33%。种仁中不饱和脂肪酸含量为 469.43 mg/g，占总脂肪酸含量的 93.59%，其中单不饱和脂肪酸含量占比 66.60%，多不饱和脂肪酸含量占比 33.40%。种皮金黄色到浅棕色，种仁非常饱满（图 6-21），去壳容易，容易获得完整的半粒种仁。

图 6-20　‘杂交 13 号’成熟果实

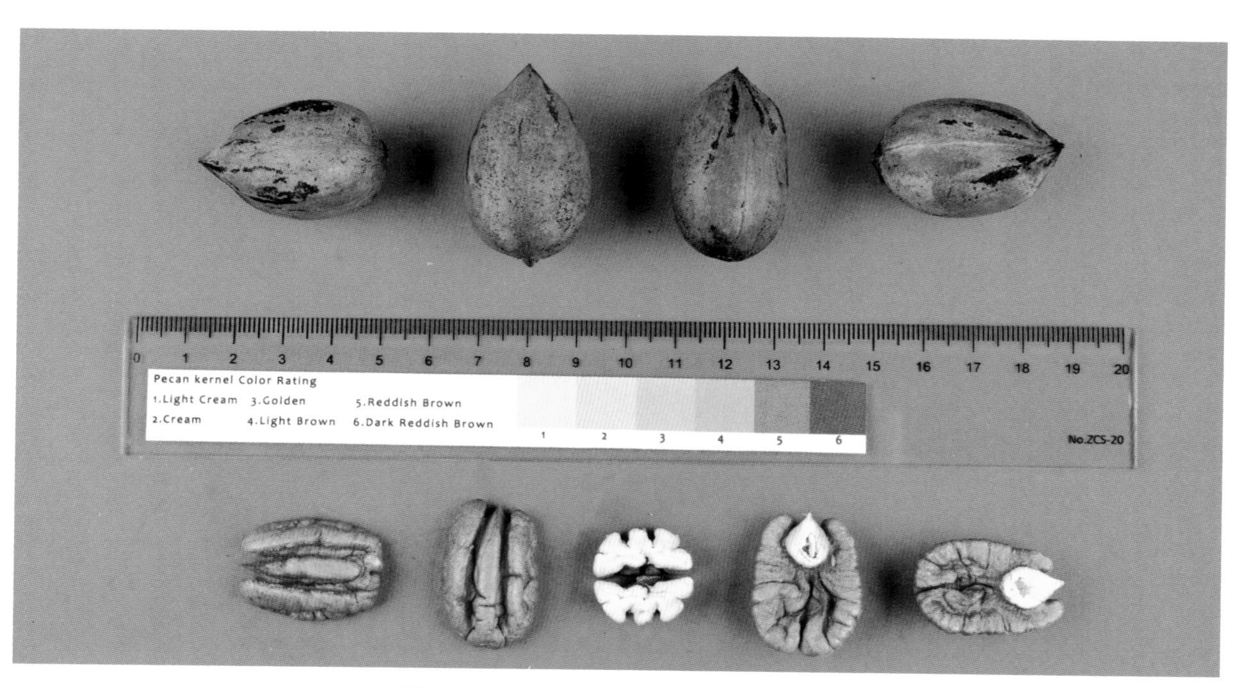

图 6-21　‘杂交 13 号’坚果与种仁

七、杂交 15 号

实生单株（编号 SD68），2009 年由南京绿宙薄壳山核桃科技有限公司通过‘马罕’‘波尼’‘威奇塔’杂交获得的后代，父母本不确定。2020 年开始挂果。

南京地区果实成熟期为 10 月中旬。

青皮中厚，厚度约 5.29 mm，缝合线突起（图 6–22）。坚果短椭圆形，果顶呈不对称钝角，果基部圆形，具棕黑色到黑色条形斑纹，斑点适中（图 6–23）。坚果平均质量 7.47 g，纵径 37.53 mm，横径 24.82 mm，果形指数 1.515；果壳较薄，厚度约 0.626 mm。平均含仁率 55.50%，种仁含油率 63.22%。种仁中不饱和脂肪酸含量为 515.80 mg/g，占总脂肪酸含量的 93.57%，其中单不饱和脂肪酸含量占比 57.98%，多不饱和脂肪酸含量占比 42.02%。种皮乳黄色到金黄色，种仁非常饱满（图 6–23），去壳容易。

图 6–22 ‘杂交 15 号’成熟果实

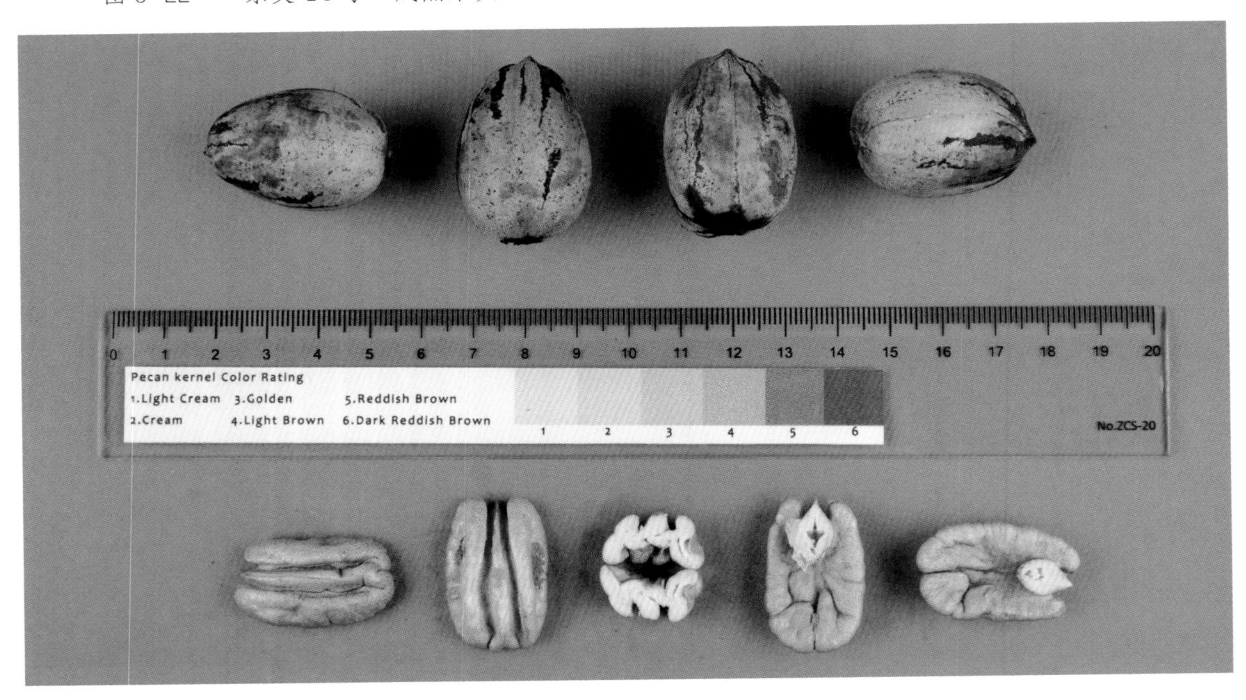

图 6–23 ‘杂交 15 号’坚果与种仁

八、杂交 16 号

实生单株（编号 SD69），2009 年由南京绿宙薄壳山核桃科技有限公司通过‘马罕’‘波尼’和‘威奇塔’杂交获得的后代，父母本不确定。2020 年开始挂果。

南京地区果实成熟期为 11 月中下旬。

青皮中厚，厚度约 5.29 mm。坚果短椭圆形，果顶呈不对称钝角，果基部圆形，具棕黑色到黑色条形斑纹，斑点少（图 6–24）。坚果平均单果质量 6.33 g，纵径 37.12 mm，横径 24.48 mm，果形指数 1.516；果壳厚度中等，厚度约 0.702 mm。平均含仁率 51.52%，种仁含油率 57.47%。种仁中不饱和脂肪酸含量为 416.93 mg/g，占总脂肪酸含量的 93.20%，其中单不饱和脂肪酸含量占比 53.49%，多不饱和脂肪酸含量占比 46.51%。种皮金黄色，种仁较饱满，（图 6–24）。

图 6–24 ‘杂交 16 号’坚果与种仁

附录 一
各地现存的
薄壳山核桃大树

摄于江苏省中国科学院植物研究所（南京中山植物园）

摄于江苏省中国科学院植物研究所（南京中山植物园）

摄于江苏省南京市明孝陵景区

摄于南京农业大学卫岗校区

摄于淮安市淮阴区刘老庄

摄于江苏省泗洪县青阳街道林业站居委会新滩河左堤

摄于江苏省泗洪县洪泽湖监狱场部院内

摄于江苏省南京市雨花台风景区

摄于陕西省西安市城墙公园含光门附近

附录 二
薄壳山核桃部分品种幼果状

马罕

威奇塔

肖尼

莫汉克

卡多

斯图尔特

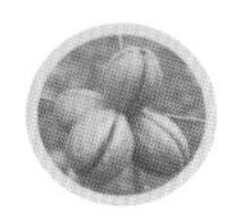

艾略特

巴顿

艾尔玛特

梅尔罗斯

德沃尔

萨婆

格拉克罗斯

凯尼瓦

金华

绍兴

附录 三
薄壳山核桃部分品种坐果状

马罕

威奇塔

肖尼

莫汉克

斯图尔特

艾略特

巴顿

维斯顿斯莱

艾尔玛特

梅尔罗斯

德沃尔

萨婆

杰克逊

金华